COLLECTION D'OUVRAGES CLASSIQUES
RÉDIGÉS EN COURS GRADUÉS
CONFORMÉMENT AUX PROGRAMMES OFFICIELS

EXERCICES DE CALCUL

SUR

LES QUATRE OPÉRATIONS FONDAMENTALES DE L'ARITHMÉTIQUE

PAR UNE RÉUNION DE PROFESSEURS

TOURS
MAISON A. MAME & FILS
IMPRIMEURS - ÉDITEURS

PARIS
J. DE GIGORD
RUE CASSETTE, 15

ET CHEZ LES PRINCIPAUX LIBRAIRES

N° 161

COLLECTION D'OUVRAGES CLASSIQUES
RÉDIGÉS EN COURS GRADUÉS
CONFORMÉMENT AUX PROGRAMMES OFFICIELS

EXERCICES DE CALCUL

SUR

LES QUATRE OPÉRATIONS FONDAMENTALES DE L'ARITHMÉTIQUE

PAR UNE RÉUNION DE PROFESSEURS

TOURS
MAISON A. MAME & FILS
Imprimeurs-Éditeurs

PARIS
J. DE GIGORD
rue Cassette, 15

ET CHEZ LES PRINCIPAUX LIBRAIRES

N° 161

EXERCICES SUR LA NUMÉRATION

1er EXERCICE. — LES DIX CHIFFRES

0	1	2	3	4	5	6	7	8	9
zéro	un	deux	trois	quatre	cinq	six	sept	huit	neuf

2e EXERCICE. — DE DIX A VINGT

10 Dix
11 Onze
12 Douze
13 Treize
14 Quatorze
15 Quinze
16 Seize
17 Dix-sept
18 Dix-huit
19 Dix-neuf
20 Vingt

3e EXERCICE. — LES DIZAINES

10 Dix
20 Vingt
30 Trente
40 Quarante
50 Cinquante
60 Soixante
70 Soixante-dix
80 Quatre-vingts
90 Quatre-vingt-dix

4e EXERCICE. — TOUS LES NOMBRES DE 2 CHIFFRES

10 Dix
11 Onze
12 Douze
13 Treize
14 Quatorze
15 Quinze
16 Seize
17 Dix-sept
18 Dix-huit
19 Dix-neuf
20 Vingt
21 Vingt et un
22 Vingt-deux
23 Vingt-trois
24 Vingt-quatre
25 Vingt-cinq
26 Vingt-six
27 Vingt-sept
28 Vingt-huit
29 Vingt-neuf
30 Trente
31 Trente et un
32 Trente-deux
33 Trente-trois
34 Trente-quatre
35 Trente-cinq
36 Trente-six
37 Trente-sept
38 Trente-huit
39 Trente-neuf
40 Quarante
41 Quarante et un
42 Quarante-deux
43 Quarante-trois
44 Quarante-quatre
45 Quarante-cinq
46 Quarante-six
47 Quarante-sept
48 Quarante-huit
49 Quarante-neuf
50 Cinquante
51 Cinquante et un
52 Cinquante-deux
53 Cinquante-trois
54 Cinquante-quatre
55 Cinquante-cinq
56 Cinquante-six
57 Cinquante-sept
58 Cinquante-huit
59 Cinquante-neuf
60 Soixante
61 Soixante et un
62 Soixante-deux
63 Soixante-trois
64 Soixante-quatre
65 Soixante-cinq
66 Soixante-six
67 Soixante-sept
68 Soixante-huit
69 Soixante-neuf
70 Soixante-dix
71 Soixante et onze
72 Soixante-douze
73 Soixante-treize
74 Soixante-quatorze
75 Soixante-quinze
76 Soixante-seize
77 Soixante-dix-sept
78 Soixante-dix-huit
79 Soixante-dix-neuf
80 Quatre-vingts
81 Quatre-vingt-un
82 Quatre-vingt-deux
83 Quatre-vingt-trois
84 Quatre-vingt-quatre
85 Quatre-vingt-cinq
86 Quatre-vingt-six
87 Quatre-vingt-sept
88 Quatre-vingt-huit
89 Quatre-vingt-neuf
90 Quatre-vingt-dix
91 Quatre-vingt-onze
92 Quatre-vingt-douze
93 Quatre-vingt-treize
94 Quatre-vingt-quatorze
95 Quatre-vingt-quinze
96 Quatre-vingt-seize
97 Quatre-vingt-dix-sept
98 Quatre-vingt-dix-huit
99 Quatre-vingt-dix-neuf

NOMBRES DE 3 CHIFFRES

100 Cent
101 Cent un
102 Cent deux
103 Cent trois
104 Cent quatre
105 Cent cinq
106 Cent six
107 Cent sept
108 Cent huit
109 Cent neuf
110 Cent dix
211 Deux cent onze
312 Trois cent douze
413 Quatre cent treize
514 Cinq cent quatorze
615 Six cent quinze
716 Sept cent seize
817 Huit cent dix-sept
918 Neuf cent dix-huit
119 Cent dix-neuf
820 Huit cent vingt
121 Cent vingt et un
432 Quatre cent trente-deux

333 Trois cent trente-trois
244 Deux cent quarante-quatre
745 Sept cent quarante-cinq
656 Six cent cinquante-six
457 Quatre cent cinquante-sept
968 Neuf cent soixante-huit
269 Deux cent soixante-neuf
170 Cent soixante-dix
571 Cinq cent soixante et onze
272 Deux cent soixante-douze
773 Sept cent soixante-treize
474 Quatre cent soixante-quatorze
875 Huit cent soixante-quinze
880 Huit cent quatre-vingts
381 Trois cent quatre-vingt-un
189 Cent quatre-vingt-neuf
990 Neuf cent quatre-vingt-dix
591 Cinq cent quatre-vingt-onze
996 Neuf cent quatre-vingt-seize
797 Sept cent quatre-vingt-dix-sept
198 Cent quatre-vingt-dix-huit
999 Neuf cent quatre-vingt-dix-neuf

NOMBRES DE 4 A 12 CHIFFRES

2.005 Deux *mille* cinq *unités*
4.024 Quatre *mille* vingt-quatre *unités*
10.007 Dix *mille* sept *unités*
24.019 Vingt-quatre *mille* dix-neuf *unités*
300.027 Trois cent *mille* vingt-sept *unités*
504.204 Cinq cent quatre *mille* deux cent quatre *unités*
2.000.009 Deux *millions* neuf *unités*
3.004.207 Trois *millions* quatre *mille* deux cent sept *unités*
10.005.195 Dix *millions* cinq *mille* cent quatre-vingt-quinze *unités*
35.045.110 Trente-cinq *millions* quarante-cinq *mille* cent dix *unités*
300.010.060 Trois cent *millions* dix *mille* soixante *unités*
406.009.056 Quatre cent six *millions* neuf *mille* cinquante-six *unités*
4.075.109.346 Quatre *billions* ou *milliards* soixante-quinze *millions* cent neuf *mille* trois cent quarante-six *unités*
24.017.000.245 Vingt-quatre *billions* dix-sept *millions* deux cent quarante-cinq *unités*
150.015.145.307 Cent cinquante *billions* quinze *millions* cent quarante-cinq *mille* trois cent sept *unités*

Remarque. — Pour énoncer des nombres composés de plus de 12 chiffres, on se rappellerait que les tranches successives portent les noms suivants : *unité*, *mille*, *million*, *billion*, *trillion*, *quatrillion*, *quintillion*, *sextillion*, etc.

TABLE D'ADDITION

1 et 0 font 1	4 et 0 font 4	7 et 0 font 7
1 et 1 font 2	4 et 1 font 5	7 et 1 font 8
1 et 2 font 3	4 et 2 font 6	7 et 2 font 9
1 et 3 font 4	4 et 3 font 7	7 et 3 font 10
1 et 4 font 5	4 et 4 font 8	7 et 4 font 11
1 et 5 font 6	4 et 5 font 9	7 et 5 font 12
1 et 6 font 7	4 et 6 font 10	7 et 6 font 13
1 et 7 font 8	4 et 7 font 11	7 et 7 font 14
1 et 8 font 9	4 et 8 font 12	7 et 8 font 15
1 et 9 font 10	4 et 9 font 13	7 et 9 font 16
2 et 0 font 2	5 et 0 font 5	8 et 0 font 8
2 et 1 font 3	5 et 1 font 6	8 et 1 font 9
2 et 2 font 4	5 et 2 font 7	8 et 2 font 10
2 et 3 font 5	5 et 3 font 8	8 et 3 font 11
2 et 4 font 6	5 et 4 font 9	8 et 4 font 12
2 et 5 font 7	5 et 5 font 10	8 et 5 font 13
2 et 6 font 8	5 et 6 font 11	8 et 6 font 14
2 et 7 font 9	5 et 7 font 12	8 et 7 font 15
2 et 8 font 10	5 et 8 font 13	8 et 8 font 16
2 et 9 font 11	5 et 9 font 14	8 et 9 font 17
3 et 0 font 3	6 et 0 font 6	9 et 0 font 9
3 et 1 font 4	6 et 1 font 7	9 et 1 font 10
3 et 2 font 5	6 et 2 font 8	9 et 2 font 11
3 et 3 font 6	6 et 3 font 9	9 et 3 font 12
3 et 4 font 7	6 et 4 font 10	9 et 4 font 13
3 et 5 font 8	6 et 5 font 11	9 et 5 font 14
3 et 6 font 9	6 et 6 font 12	9 et 6 font 15
3 et 7 font 10	6 et 7 font 13	9 et 7 font 16
3 et 8 font 11	6 et 8 font 14	9 et 8 font 17
3 et 9 font 12	6 et 9 font 15	9 et 9 font 18

TABLE DE SOUSTRACTION

0 ôté de 0 reste 0	2 ôté de 2 reste 0	4 ôté de 4 reste 0
0 ôté de 1 reste 1	2 ôté de 3 reste 1	4 ôté de 5 reste 1
0 ôté de 2 reste 2	2 ôté de 4 reste 2	4 ôté de 6 reste 2
0 ôté de 3 reste 3	2 ôté de 5 reste 3	4 ôté de 7 reste 3
0 ôté de 4 reste 4	2 ôté de 6 reste 4	4 ôté de 8 reste 4
0 ôté de 5 reste 5	2 ôté de 7 reste 5	4 ôté de 9 reste 5
0 ôté de 6 reste 6	2 ôté de 8 reste 6	4 ôté de 10 reste 6
0 ôté de 7 reste 7	2 ôté de 9 reste 7	4 ôté de 11 reste 7
0 ôté de 8 reste 8	2 ôté de 10 reste 8	4 ôté de 12 reste 8
0 ôté de 9 reste 9	2 ôté de 11 reste 9	4 ôté de 13 reste 9
1 ôté de 1 reste 0	3 ôté de 3 reste 0	5 ôté de 5 reste 0
1 ôté de 2 reste 1	3 ôté de 4 reste 1	5 ôté de 6 reste 1
1 ôté de 3 reste 2	3 ôté de 5 reste 2	5 ôté de 7 reste 2
1 ôté de 4 reste 3	3 ôté de 6 reste 3	5 ôté de 8 reste 3
1 ôté de 5 reste 4	3 ôté de 7 reste 4	5 ôté de 9 reste 4
1 ôté de 6 reste 5	3 ôté de 8 reste 5	5 ôté de 10 reste 5
1 ôté de 7 reste 6	3 ôté de 9 reste 6	5 ôté de 11 reste 6
1 ôté de 8 reste 7	3 ôté de 10 reste 7	5 ôté de 12 reste 7
1 ôté de 9 reste 8	3 ôté de 11 reste 8	5 ôté de 13 reste 8
1 ôté de 10 reste 9	3 ôté de 12 reste 9	5 ôté de 14 reste 9

6 ôté de 6 reste 0	8 ôté de 8 reste 0	10 ôté de 10 reste 0
6 ôté de 7 reste 1	8 ôté de 9 reste 1	10 ôté de 11 reste 1
6 ôté de 8 reste 2	8 ôté de 10 reste 2	10 ôté de 12 reste 2
6 ôté de 9 reste 3	8 ôté de 11 reste 3	10 ôté de 13 reste 3
6 ôté de 10 reste 4	8 ôté de 12 reste 4	10 ôté de 14 reste 4
6 ôté de 11 reste 5	8 ôté de 13 reste 5	10 ôté de 15 reste 5
6 ôté de 12 reste 6	8 ôté de 14 reste 6	10 ôté de 16 reste 6
6 ôté de 13 reste 7	8 ôté de 15 reste 7	10 ôté de 17 reste 7
6 ôté de 14 reste 8	8 ôté de 16 reste 8	10 ôté de 18 reste 8
6 ôté de 15 reste 9	8 ôté de 17 reste 9	10 ôté de 19 reste 9

7 ôté de 7 reste 0	9 ôté de 9 reste 0	
7 ôté de 8 reste 1	9 ôté de 10 reste 1	***Valeur des signes***
7 ôté de 9 reste 2	9 ôté de 11 reste 2	
7 ôté de 10 reste 3	9 ôté de 12 reste 3	
7 ôté de 11 reste 4	9 ôté de 13 reste 4	+ Signifie plus.
7 ôté de 12 reste 5	9 ôté de 14 reste 5	— Signifie moins.
7 ôté de 13 reste 6	9 ôté de 15 reste 6	× Signifie mult. par.
7 ôté de 14 reste 7	9 ôté de 16 reste 7	: Signifie divisé par.
7 ôté de 15 reste 8	9 ôté de 17 reste 8	
7 ôté de 16 reste 9	9 ôté de 18 reste 9	

TABLE DE MULTIPLICATION

1 fois 0 fait 0	4 fois 0 font 0	7 fois 0 font 0
1 fois 1 fait 1	4 fois 1 font 4	7 fois 1 font 7
1 fois 2 fait 2	4 fois 2 font 8	7 fois 2 font 14
1 fois 3 fait 3	4 fois 3 font 12	7 fois 3 font 21
1 fois 4 fait 4	4 fois 4 font 16	7 fois 4 font 28
1 fois 5 fait 5	4 fois 5 font 20	7 fois 5 font 35
1 fois 6 fait 6	4 fois 6 font 24	7 fois 6 font 42
1 fois 7 fait 7	4 fois 7 font 28	7 fois 7 font 49
1 fois 8 fait 8	4 fois 8 font 32	7 fois 8 font 56
1 fois 9 fait 9	4 fois 9 font 36	7 fois 9 font 63
2 fois 0 font 0	5 fois 0 font 0	8 fois 0 font 0
2 fois 1 font 2	5 fois 1 font 5	8 fois 1 font 8
2 fois 2 font 4	5 fois 2 font 10	8 fois 2 font 16
2 fois 3 font 6	5 fois 3 font 15	8 fois 3 font 24
2 fois 4 font 8	5 fois 4 font 20	8 fois 4 font 32
2 fois 5 font 10	5 fois 5 font 25	8 fois 5 font 40
2 fois 6 font 12	5 fois 6 font 30	8 fois 6 font 48
2 fois 7 font 14	5 fois 7 font 35	8 fois 7 font 56
2 fois 8 font 16	5 fois 8 font 40	8 fois 8 font 64
2 fois 9 font 18	5 fois 9 font 45	8 fois 9 font 72
3 fois 0 font 0	6 fois 0 font 0	9 fois 0 font 0
3 fois 1 font 3	6 fois 1 font 6	9 fois 1 font 9
3 fois 2 font 6	6 fois 2 font 12	9 fois 2 font 18
3 fois 3 font 9	6 fois 3 font 18	9 fois 3 font 27
3 fois 4 font 12	6 fois 4 font 24	9 fois 4 font 36
3 fois 5 font 15	6 fois 5 font 30	9 fois 5 font 45
3 fois 6 font 18	6 fois 6 font 36	9 fois 6 font 54
3 fois 7 font 21	6 fois 7 font 42	9 fois 7 font 63
3 fois 8 font 24	6 fois 8 font 48	9 fois 8 font 72
3 fois 9 font 27	6 fois 9 font 54	9 fois 9 font 81

Ex. 20 : 6 = 3, r. 2. *Lisez* 20 divisé par 6 égale 3, reste 2.

1 : 1 = 1
2 : 2 = 1
3 : 2 = 1, r. 1
4 : 2 = 2
5 : 2 = 2, r. 1
6 : 2 = 3
7 : 2 = 3, r. 1
8 : 2 = 4
9 : 2 = 4, r. 1
10 : 2 = 5
11 : 2 = 5, r. 1
12 : 2 = 6
13 : 2 = 6, r. 1
14 : 2 = 7
15 : 2 = 7, r. 1
16 : 2 = 8
17 : 2 = 8, r. 1
18 : 2 = 9
19 : 2 = 9, r. 1

---

3 : 3 = 1
4 : 3 = 1, r. 1
5 : 3 = 1, r. 2
6 : 3 = 2
7 : 3 = 2, r. 1
8 : 3 = 2, r. 2
9 : 3 = 3
10 : 3 = 3, r. 1
11 : 3 = 3, r. 2
12 : 3 = 4
13 : 3 = 4, r. 1
14 : 3 = 4, r. 2
15 : 3 = 5
16 : 3 = 5, r. 1
17 : 3 = 5, r. 2
18 : 3 = 6
19 : 3 = 6, r. 1
20 : 3 = 6, r. 2
21 : 3 = 7
22 : 3 = 7, r. 1
23 : 3 = 7, r. 2
24 : 3 = 8
25 : 3 = 8, r. 1
26 : 3 = 8, r. 2
27 : 3 = 9
28 : 3 = 9, r. 1
29 : 3 = 9, r. 2

---

4 : 4 = 1
5 : 4 = 1, r. 1
6 : 4 = 1, r. 2
7 : 4 = 1, r. 3
8 : 4 = 2
9 : 4 = 2, r. 1
10 : 4 = 2, r. 2
11 : 4 = 2, r. 3
12 : 4 = 3
13 : 4 = 3, r. 1
14 : 4 = 3, r. 2
15 : 4 = 3, r. 3
16 : 4 = 4
17 : 4 = 4, r. 1
18 : 4 = 4, r. 2
19 : 4 = 4, r. 3
20 : 4 = 5
21 : 4 = 5, r. 1
22 : 4 = 5, r. 2
23 : 4 = 5, r. 3
24 : 4 = 6
25 : 4 = 6, r. 1
26 : 4 = 6, r. 2
27 : 4 = 6, r. 3
28 : 4 = 7
29 : 4 = 7, r. 1
30 : 4 = 7, r. 2
31 : 4 = 7, r. 3
32 : 4 = 8
33 : 4 = 8, r. 1
34 : 4 = 8, r. 2
35 : 4 = 8, r. 3
36 : 4 = 9
37 : 4 = 9, r. 1
38 : 4 = 9, r. 2
39 : 4 = 9, r. 3

---

5 : 5 = 1
6 : 5 = 1, r. 1
7 : 5 = 1, r. 2
8 : 5 = 1, r. 3
9 : 5 = 1, r. 4
10 : 5 = 2
11 : 5 = 2, r. 1
12 : 5 = 2, r. 2
13 : 5 = 2, r. 3
14 : 5 = 2, r. 4
15 : 5 = 3
16 : 5 = 3, r. 1
17 : 5 = 3, r. 2
18 : 5 = 3, r. 3
19 : 5 = 3, r. 4
20 : 5 = 4
21 : 5 = 4, r. 1
22 : 5 = 4, r. 2
23 : 5 = 4, r. 3
24 : 5 = 4, r. 4
25 : 5 = 5
26 : 5 = 5, r. 1
27 : 5 = 5, r. 2
28 : 5 = 5, r. 3
29 : 5 = 5, r. 4
30 : 5 = 6
31 : 5 = 6, r. 1
32 : 5 = 6, r. 2
33 : 5 = 6, r. 3
34 : 5 = 6, r. 4
35 : 5 = 7
36 : 5 = 7, r. 1
37 : 5 = 7, r 2
38 : 5 = 7, r. 3
39 : 5 = 7, r. 4
40 : 5 = 8
41 : 5 = 8, r. 1
42 : 5 = 8, r. 2
43 : 5 = 8, r. 3
44 : 5 = 8, r. 4
45 : 5 = 9
46 : 5 = 9, r. 1
47 : 5 = 9, r. 2
48 : 5 = 9, r. 3
49 : 5 = 9, r. 4

---

6 : 6 = 1
7 : 6 = 1, r. 1
8 : 6 = 1, r. 2
9 : 6 = 1, r. 3
10 : 6 = 1, r. 4
11 : 6 = 1, r. 5
12 : 6 = 2
13 : 6 = 2, r. 1
14 : 6 = 2, r. 2
15 : 6 = 2, r. 3
16 : 6 = 2, r. 4
17 : 6 = 2: r. 5
18 : 6 = 3
19 : 6 = 3, r. 1
20 : 6 = 3, r. 2
21 : 6 = 3, r. 3
22 : 6 = 3, r. 4
23 : 6 = 3, r. 5
24 : 6 = 4
25 : 6 = 4, r. 1
26 : 6 = 4, r. 2
27 : 6 = 4, r. 3
28 : 6 = 4, r 4
29 : 6 = 4, r. 5
30 : 6 = 5
31 : 6 = 5, r. 1
32 : 6 = 5, r. 2
33 : 6 = 5, r. 3
34 : 6 = 5, r. 4
35 : 6 = 5, r. 5
36 : 6 = 6
37 : 6 = 6, r. 1
38 : 6 = 6, r. 2
39 : 6 = 6, r. 3
40 : 6 = 6, r. 4
41 : 6 = 6, r. 5
42 : 6 = 7
43 : 6 = 7, r. 1
44 : 6 = 7, r. 2
45 : 6 = 7, r. 3
46 : 6 = 7, r. 4
47 : 6 = 7, r. 5
48 : 6 = 8
49 : 6 = 8, r. 1
50 : 6 = 8, r. 2
51 : 6 = 8, r. 3
52 : 6 = 8, r. 4
53 : 6 = 8, r. 5
54 : 6 = 9
55 : 6 = 9, r. 1
56 : 6 = 9, r. 2
57 : 6 = 9, r. 3
58 : 6 = 9, r. 4
59 : 6 = 9, r. 5

---

7 : 7 = 1
8 : 7 = 1, r. 1
9 : 7 = 1, r. 2
10 : 7 = 1, r. 3
11 : 7 = 1, r. 4
12 : 7 = 1, r. 5
13 : 7 = 1, r. 6
14 : 7 = 2
15 : 7 = 2, r. 1
16 : 7 = 2, r. 2
17 : 7 = 2, r. 3
18 : 7 = 2, r. 4
19 : 7 = 2, r. 5
20 : 7 = 2, r. 6
21 : 7 = 3
22 : 7 = 3, r. 1
23 : 7 = 3, r. 2
24 : 7 = 3, r. 3

25 : 7 = 3, r. 4
26 : 7 = 3, r. 5
27 : 7 = 3, r. 6
28 : 7 = 4
29 : 7 = 4, r. 1
30 : 7 = 4, r. 2
31 : 7 = 4, r. 3
32 : 7 = 4, r. 4
33 : 7 = 4, r. 5
34 : 7 = 4, r. 6
35 : 7 = 5
36 : 7 = 5, r. 1
37 : 7 = 5, r. 2
38 : 7 = 5, r. 3
39 : 7 = 5, r. 4
40 : 7 = 5, r. 5
41 : 7 = 5, r. 6
42 : 7 = 6
43 : 7 = 6, r. 1
44 : 7 = 6, r. 2
45 : 7 = 6, r. 3
46 : 7 = 6, r. 4
47 : 7 = 6, r. 5
48 : 7 = 6, r. 6
49 : 7 = 7
50 : 7 = 7, r. 1
51 : 7 = 7, r. 2
52 : 7 = 7, r. 3
53 : 7 = 7, r. 4
54 : 7 = 7, r. 5
55 : 7 = 7, r. 6
56 : 7 = 8
57 : 7 = 8, r. 1
58 : 7 = 8, r. 2
59 : 7 = 8, r. 3
60 : 7 = 8, r. 4
61 : 7 = 8, r. 5
62 : 7 = 8, r. 6
63 : 7 = 9
64 : 7 = 9, r. 1
65 : 7 = 9, r. 2
66 : 7 = 9, r. 3
67 : 7 = 9, r. 4
68 : 7 = 9, r. 5
69 : 7 = 9, r. 6

---

8 : 8 = 1
9 : 8 = 1, r. 1
10 : 8 = 1, r. 2
11 : 8 = 1, r. 3
12 : 8 = 1, r. 4
13 : 8 = 1, r. 5
14 : 8 = 1, r. 6
15 : 8 = 1, r. 7
16 : 8 = 2
17 : 8 = 2, r. 1
18 : 8 = 2, r. 2
19 : 8 = 2, r. 3
20 : 8 = 2, r. 4
21 : 8 = 2, r. 5
22 : 8 = 2, r. 6
23 : 8 = 2, r. 7
24 : 8 = 3
25 : 8 = 3, r. 1
26 : 8 = 3, r. 2
27 : 8 = 3, r. 3
28 : 8 = 3, r. 4
29 : 8 = 3, r. 5
30 : 8 = 3, r. 6
31 : 8 = 3, r. 7
32 : 8 = 4
33 : 8 = 4, r. 1
34 : 8 = 4, r. 2
35 : 8 = 4, r. 3
36 : 8 = 4, r. 4
37 : 8 = 4, r. 5
38 : 8 = 4, r. 6
39 : 8 = 4, r. 7
40 : 8 = 5
41 : 8 = 5, r. 1
42 : 8 = 5, r. 2
43 : 8 = 5, r. 3
44 : 8 = 5, r. 4
45 : 8 = 5, r. 5
46 : 8 = 5, r. 6
47 : 8 = 5, r. 7
48 : 8 = 6
49 : 8 = 6, r. 1
50 : 8 = 6, r. 2
51 : 8 = 6, r. 3
52 : 8 = 6, r. 4
53 : 8 = 6, r. 5
54 : 8 = 6, r. 6
55 : 8 = 6, r. 7
56 : 8 = 7
57 : 8 = 7, r. 1
58 : 8 = 7, r. 2
59 : 8 = 7, r. 3
60 : 8 = 7, r. 4
61 : 8 = 7, r. 5
62 : 8 = 7, r. 6
63 : 8 = 7, r. 7
64 : 8 = 8
65 : 8 = 8, r. 1
66 : 8 = 8, r. 2
67 : 8 = 8, r. 3
68 : 8 = 8, r. 4
69 : 8 = 8, r. 5
70 : 8 = 8, r. 6
71 : 8 = 8, r. 7
72 : 8 = 9
73 : 8 = 9, r. 1
74 : 8 = 9, r. 2
75 : 8 = 9, r. 3
76 : 8 = 9, r. 4
77 : 8 = 9, r. 5
78 : 8 = 9, r. 6
79 : 8 = 9, r. 7

---

9 : 9 = 1
10 : 9 = 1, r. 1
11 : 9 = 1, r. 2
12 : 9 = 1, r. 3
13 : 9 = 1, r. 4
14 : 9 = 1, r. 5
15 : 9 = 1, r. 6
16 : 9 = 1, r. 7
17 : 9 = 1, r. 8
18 : 9 = 2
19 : 9 = 2, r. 1
20 : 9 = 2, r. 2
21 : 9 = 2, r. 3
22 : 9 = 2, r. 4
23 : 9 = 2, r. 5
24 : 9 = 2, r. 6
25 : 9 = 2, r. 7
26 : 9 = 2, r. 8
27 : 9 = 3
28 : 9 = 3, r. 1
29 : 9 = 3, r. 2
30 : 9 = 3, r. 3
31 : 9 = 3, r. 4
32 : 9 = 3, r. 5
33 : 9 = 3, r. 6
34 : 9 = 3, r. 7
35 : 9 = 3, r. 8
36 : 9 = 4
37 : 9 = 4, r. 1
38 : 9 = 4, r. 2
39 : 9 = 4, r. 3
40 : 9 = 4, r. 4
41 : 9 = 4, r. 5
42 : 9 = 4, r. 6
43 : 9 = 4, r. 7
44 : 9 = 4, r. 8
45 : 9 = 5
46 : 9 = 5, r. 1
47 : 9 = 5, r. 2
48 : 9 = 5, r. 3
49 : 9 = 5, r. 4
50 : 9 = 5, r. 5
51 : 9 = 5, r. 6
52 : 9 = 5, r. 7
53 : 9 = 5, r. 8
54 : 9 = 6
55 : 9 = 6, r. 1
56 : 9 = 6, r. 2
57 : 9 = 6, r. 3
58 : 9 = 6, r. 4
59 : 9 = 6, r. 5
60 : 9 = 6, r. 6
61 : 9 = 6, r. 7
62 : 9 = 6, r. 8
63 : 9 = 7
64 : 9 = 7, r. 1
65 : 9 = 7, r. 2
66 : 9 = 7, r. 3
67 : 9 = 7, r. 4
68 : 9 = 7, r. 5
69 : 9 = 7, r. 6
70 : 9 = 7, r. 7
71 : 9 = 7, r. 8
72 : 9 = 8
73 : 9 = 8, r. 1
74 : 9 = 8, r. 2
75 : 9 = 8, r. 3
76 : 9 = 8, r. 4
77 : 9 = 8, r. 5
78 : 9 = 8, r. 6
79 : 9 = 8, r. 7
80 : 9 = 8, r. 8
81 : 9 = 9
82 : 9 = 9, r. 1
83 : 9 = 9, r. 2
84 : 9 = 9, r. 3
85 : 9 = 9, r. 4
86 : 9 = 9, r. 5
87 : 9 = 9, r. 6
88 : 9 = 9, r. 7
89 : 9 = 9, r. 8

1	412 325	19	475 204	37	576 117	55	577 194	73	456 832	91	674 854
2	613 234	20	507 492	38	746 149	56	345 456	74	517 491	92	357 489
3	514 342	21	272 129	39	427 239	57	456 265	75	621 724	93	854 359
4	517 421	22	426 457	40	574 219	58	748 285	76	707 797	94	456 895
5	745 223	23	587 107	41	247 389	59	679 178	77	424 397	95	764 857
6	426 232	24	648 239	42	176 277	60	574 279	78	524 415	96	647 879
7	575 223	25	557 227	43	379 485	61	457 754	79	617 493	97	452 830
8	254 623	26	123 567	44	486 297	62	705 804	80	779 776	98	123 534
9	148 750	27	456 234	45	596 279	63	345 189	81	475 794	99	342 873
10	564 324	28	789 209	46	149 288	64	496 794	82	637 555	100	972 495
11	216 450	29	647 125	47	279 185	65	896 944	83	689 476	101	228 395
12	514 375	30	777 113	48	374 384	66	576 647	84	744 659	102	344 982
13	745 254	31	435 445	49	489 265	67	897 409	85	527 677	103	354 931
14	795 203	32	575 405	50	547 274	68	507 493	86	477 296	104	856 389
15	632 243	33	807 184	51	187 284	69	354 497	87	157 275	105	651 492
16	423 506	34	347 528	52	276 185	70	805 495	88	369 496	106	294 856
17	245 123	35	545 429	53	357 168	71	320 407	89	579 297	107	951 265
18	342 235	36	476 114	54	489 257	72	609 769	90	178 245	108	562 850

109	456.367 347.479	127	876.746 482.795	145	656.434 874.325	163	677.440 857.579
110	853.454 907.279	128	674.915 482.839	146	947.910 576.824	164	789.746 477.957
111	654.457 439.395	129	973.476 595.649	147	647.943 896.850	165	547.764 350.097
112	854.695 379.296	130	898.423 769.579	148	475.670 694 957	166	597.091 447.089
113	576.507 447.279	131	649.786 878.947	149	824.957 717.854	167	627.685 851.469
114	856.165 376.497	132	747.457 928.416	150	477.415 378.394	168	765.424 573.527
115	584.298 349.189	133	574.615 697.470	151	557.489 980.557	169	174.854 674.975
116	875.347 439.474	134	647.654 926.589	152	727.519 844.619	170	749.827 684.954
117	575.579 426.145	135	857.450 498.795	153	647.795 752.370	171	684.357 367.489
118	654.157 317.279	136	574.907 575.799	154	424.957 327.089	172	342.827 704.374
119	274.176 392.394	137	787.977 954.517	155	995.676 576.544	173	545.659 796.307
120	475.354 642.765	138	348.976 176.987	156	878.457 457.829	174	895.467 301.959
121	276.721 464.934	139	476.456 694.324	157	755.749 676.676	175	764.879 304.857
122	394.577 472.495	140	755.427 686.917	158	954.417 727.728	176	654.859 152.963
123	874.877 659.741	141	477.424 648.695	159	474.555 629.679	177	754.676 349.943
124	476.509 342.897	142	367.987 458.989	160	789.476 517.094	178	453.657 304.956
125	853.799 764.587	143	684.677 797.979	161	794.574 449.632	179	123.456 204.195
126	675.478 782.987	144	344.257 573.424	162	979.528 581.896	180	709.987 505.304

181	676.524 729.617	199	976.884 795.793	217	476.655 577.459	235	684.376 897.984
182	857.495 427.985	200	654.870 909.851	218	882.354 576.937	236	307.459 850.967
183	794.691 657.784	201	776.893 371.456	219	357.694 476.797	237	648.967 976.878
184	470.557 381.877	202	759.544 877.409	220	695.794 774.689	238	549.875 687.216
185	274.654 769.719	203	650.717 876.509	221	879.767 854.952	239	474.305 869.490
186	487.825 394.624	204	451.629 739.767	222	650.769 775.678	240	607.450 376.985
187	829.651 728.577	205	657.897 794.976	223	745.651 576.089	241	745.674 302.956
188	687.657 789.909	206	876.575 457.978	224	765.097 975.985	242	895.465 359.963
189	875.654 989.907	207	847.425 934.817	225	754.742 901.754	243	345.607 456.605
190	789.107 695.999	208	707.809 976.437	226	754.676 869.754	244	697.807 307.852
191	123.456 789.012	209	849.735 651.976	227	457.579 819.516	245	980.079 395.891
192	472.617 884.954	210	746.743 854.957	228	547.794 827.489	246	784.853 487.904
193	617.854 594.917	211	917.829 851.427	229	374.375 725.795	247	647.871 309.241
194	894.575 876.934	212	856.437 934.579	230	795.796 987.678	248	497.654 340.956
195	575.671 679.584	213	457.829 319.515	231	578.467 854.359	249	807.405 350.705
196	675.794 790.827	214	769.413 617.875	232	678.487 854.356	250	654.907 354.903
197	417.825 535.479	215	576.279 495.176	233	587.875 496.794	251	805.464 890.315
198	876.427 934.557	216	957.424 919.576	234	673.875 594.967	252	654.907 389.980

253 807.976
5.624
564.807

254 577.409
689.476
6.747

255 845.467
37.854
957.674

256 6.976
827.845
535.694

257 70.459
425.716
409.357

258 5.027
376.877
736.954

259 405.789
6.854
75.768

260 67.425
576.324
847.907

261 76.515
689.065
276.709

262 671.079
9.906
567.765

263 275.824
197.489
356.490

264 24.547
752.976
376.549

265 824
294.731
481.835

266 452.827
76.679
2.742

267 310.407
76.415
592.808

268 875.449
996.898
3.824

269 82.742
924.895
752.566

270 784.805
492.827
4.754

271 6.823
989.347
724.839

272 57.924
984.697
725.833

273 954.356
876.977
767.898

274 79.080
854.974
569.677

275 64.807
52.934
879.768

276 4.927
98.896
679.589

277 894.796
457.877
786.987

278 53.827
677.924
789.789

279 3.474
827.951
794.276

280 7.952
972.354
786.546

281 85.837
352.934
587.952

282 357.047
76.879
649.754

283 304.825
77.156
789.654

284 452.372
9.694
877.783

285 897.476
684.753
778.694

286 776.827
84.785
492.826

287 453.821
74.759
859.667

288 217.904
54.825
679.964

289 376.924
433.827
899.755

290 657.985
984.752
895.674

291 423.590
677.884
899.791

292 897.452
920.672
746.794

293 76.009
984.888
457.697

294 904.525
876.577
928.395

295 827.456
925.834
834.937

296 824.907
933.829
54.927

297 456.874
27.956
769.674

298 47.854
957.970
809.676

299 476.08
748.678
88.482

300 987.854
64.247
809.456

301 741.854
7.465
3.978

302 4.307
645.879
474.307

303 456.817
96.209
817.456

304 327.410
7.689
456.351

305	59.827	318	654.789	331	5.276	344	237.864
	747 365		773.212		576.423		49.874
	984.5[illegible]3		564.342		760.554		893.597
306	364.907	319	676.834	332	676.345	345	624.079
	671.596		847.885		834.557		937.484
	795.879		989.769		896.743		584.979
307	754.607	320	495.837	333	654.957	346	678.879
	837.925		72.224		78.786		95.547
	945.769		795.477		547.679		276.754
308	759.823	321	37.904	334	529.234	347	376.474
	875.453		986.876		876.789		928 357
	694.937		877.795		798.575		877.676
309	924.674	322	676.976	335	257.470	348	76.984
	787.743		799.884		988.742		487.876
	896.395		685.544		599.899		549.879
310	789.651	323	823.441	336	454.376	349	676
	666.795		937.542		756.079		456.894
	584.888		239.674		489.215		972.397
311	677.491	324	824.954	337	7.809	350	6.795
	5.887		987.889		356.377		694.846
	976.642		769.564		254.594		653.957
312	837.454	325	834.905	338	376.476	351	849
	928.367		976.827		5.654		753.476
	676.896		895.795		858.796		977.689
313	576.824	326	839.455	339	854.217	352	87.654
	794.952		768.649		785.829		796.078
	977.495		897.795		677.549		578.697
314	835.754	327	698.929	340	34.827	353	450.017
	676.885		837.651		376.956		696.459
	898.776		596.746		798.898		807.576
315	754.829	328	954.653	341	87.851	354	307
	878.937		497.974		676.724		45.654
	989.773		689.899		375.697		807.456
316	854.947	329	654.376	342	78.947	355	7.426
	967.876		795.497		354.705		874.974
	789.767		689.879		495.827		954.369
317	654.576	330	677.894	343	276.509	356	67.450
	976.787		895.957		484.821		698.795
	898.694		577.676		256.776		476.887

357
943.575.423
854.349.870
975.750.249

358
745.654.870
94.875.984
734.954.877

359
476.854.984
7.675.895
654.764.954

360
576.895.752
495.847.967
9.954.634

361
477.546.789
585.678.897
246.794.976

362
521.677.875
676.954.967
795.896.789

363
74.954.896
745.876.547
6.798.798

364
376.457.897
453.376.586
547.684.794

365
52.576.827
576.497.899
494.785.675

366
743.210.827
457.654.932
596.786.896

367
574.654.787
9.876.989
785.495.875

368
476.986.541
984.247.677
596.795.954

369
654.234.654
568.976.456
876.889.999

370
657.954
862.945.677
452.789.654

371
457.676.917
576.485.854
695.976.967

372
543.285.654
791.396.787
887.567.976

373
576.451.324
455.934.656
567.957.823

374
587.654.927
674.987.634
486.856.858

375
7.453.876
954.796.685
876.666.793

376
432.765.321
754.674.807
879.987.984

377
576.795.984
687.987.877
793.676.785

378
567.898
547.676.784
325.479.977

379
476.307.827
574.587.654
955.496.772

380
7.675.432
234.567.899
475.376.798

381
375.452.677
7.546.984
578.667.540

382
230.076.475
791.989.396
484.657.987

383
476.795.675
764.579.889
507.687.964

384
545.657.899
437.964.542
654.876.788

385
195.234.357
7.676.968
596.798.879

386
452.373.464
786.954.789
694.876.998

387
796.457.676
687.794.794
8.968.587

388
584.653.795
695.796.817
776.887.984

389
457.576.324
6.847.987
689.698.798

390
674.856
974.845.922
64.596.847

391
74.285
97.889.658
854.397.897

392
7.650.074
853.987.695
974.876.956

393
74.234.654
986.876.497
647.987.854

394
476.874
75.689.693
806.797.784

395
65.489
7.688.987
986.854.576

N°	Nombres
396	576.794.652
	467.887.789
	689.975.898
397	354.796.452
	477.689.376
	766.875.889
398	454.764.896
	897.589
	689.985.667
399	413.575.654
	245.689.897
	987.347.566
400	567.984.321
	495.675.474
	689.797.689
401	4.347.651
	865.755.561
	447.675.384
402	327.454.276
	789.567.485
	898.635.743
403	645.606.997
	2.754.884
	567.875.776
404	475.645.751
	547.896.946
	689.987.875
405	456.374.854
	967.653.485
	526.789.596
406	546.276.927
	627.792
	797.794.889
407	677.455.476
	794.587.495
	685.694.784
408	7.565.654
	49.677.789
	488.754.347
409	577.235.467
	689.898.596
	845.976.375
410	745.676.452
	356.789.584
	789.898.976
411	564.375.452
	827.952.365
	989.899.765
412	7.652.927
	535.746.795
	676.898.888
413	769.654.327
	452.577.889
	678.786.918
414	575.479.884
	657.584.927
	789.697.547
415	327.450.676
	821.976.217
	796.897.898
416	567.452.377
	477.354.889
	889.687.996
417	5.677.452
	436.584.796
	797.895.974
418	325.674.827
	747.932.674
	569.485.895
419	415.956.327
	825.937.454
	976.878.796
420	327.457.632
	794.875.954
	686.956.869
421	798.653.450
	7.987.987
	956.896.789
422	754.650.827
	675.798.354
	757.654.976
423	650.475.875
	6.984.989
	889.796.854
424	764.576.776
	476.884.894
	987.997 987
425	74.678.432
	7.465.374
	847.953.459
426	546.876.307
	9.046.754
	74.857.937
427	436.807
	47.659.874
	856.524.325
428	57.435.607
	842.954.824
	95.676.936
429	70.457
	8.984.604
	976.867.539
430	7.650.342
	974.376.457
	83 085.768
431	45.789
	75.376.453
	847.648.967
432	6.785.076
	745.672.893
	89.847.984
433	794.217.476
	6.954.307
	954.307
434	7.456.079
	454.807.354
	7.395.709

435
56.276.454
357.796.709
6.719.187
577.485.855

436
692.976
427.985.741
4.851.907
795.291.752

437
76.984.316
6.569.897
978.087.705
324.829.496

438
74.826.456
96.749
895.735.276
498.307.476

439
576.430.079
94.196.376
65.438
560.898.275

440
797.654.829
776.819
15.435.839
596.787.976

441
485.676
497.897.987
89.854
769.476.769

442
654.874.954
68.987.876
796.589
895.458.795

443
57.874.089
4.786.774
875.697.897
965.665

444
476.542.827
69.874.386
297.486.674
4.235.745

445
725.076.482
894.675
489.765.798
78 987.864

446
20.742.345
679.659.419
848.487.578
987.894.684

447
434.579
478.527.624
2.795.467
984.686.386

448
789.894.607
6 546.754
73.836
454.287.948

449
356.754.651
7.447.176
78.489
94.839.589

450
6.798.954
452.679.587
7.665
777.423.749

451
457.887.954
378.798.237
596.576.765
185.964.476

452
276.457.844
384.584.876
997.695.897
865.768.765

453
437.576.874
54.694.969
869.787.487
985.853.598

454
596.832.542
7.447.176
78.489
94.869.598

455
54.307
489.787.596
748.995.984
687.543 753

456
456.884.569
677.958.888
3.735.894
942.469.952

457
987.654.327
767.454
5.846.785
966.535.592

458
74.952
987.785.874
865.289.289
746.347.667

459
7.847.976
346.964.624
974.548.935
73.856.907

460
742.345
67.496.567
879.787.896
544 087.674

461
874.325
167.489.874
7.678.978
934.854.674

462
8.450.753
407.674.829
799.456.948
976.874.607

463
76.874
4.768.959
659.897.864
485.974.678

464
787.695
989.942.894
7.426.876
894.247.654

465
824.927.552
937.654.674
876.376.981
8.198.396

466
7.692.752
79.754.276
936.577.423
764.798 234

467
875.927.404
784.652.753
996.874.967
3.435.899

468
7.854.254
985.676.376
54.476
776.649.867

469
476.217.824
376.981
988.765.324
67.472

470
749.827.356
776.874
978.594.659
67.989.377

471
7.827.432
54.827
987.675.372
899.466.754

472
7.808
886.766.554
834.251
977.407.307

473
456.874
6.378.496
98.899.577
885.293.654

474
578.907.007
423.569.456
9.823.576
476.354.985

475
456.258.987
76 898
5.789.543
878.265.303

476
7.417
7.376.453
96.543.234
672.354.831

477
25.974
984.567.832
7.976.765
468.988.598

478
654.789
988.472.925
6.347.227
865.235.678

479
455.276.827
374.455.934
933.821
9.837.755

480
796.487.825
4.754.954
92.236
475.235.642

481
54.336
452.576.345
4.987.894
985.891.237

482
576.476.823
76.417
643.217.895
897.988.589

483
452.376.824
1.364.795
898.987.885
856.676

484
56.234
984.572.373
479.668.542
854.684.963

485
924.345.706
56.227
4.376.825
896.269.824

486
746.834.232
988.978.345
75.576
89.452.372

487
769.827.405
37.409.754
363.429
576.217.674

488
74.284.504
834.976
427.677.689
957.854.376

489
75.487.634
807.976.469
789.547.978
407.906.807

490
745.648
845.976.408
977.689.987
456.807.542

491
8.745.677
896.675
976.674.344
854.954.956

492
674.816
47.989.745
57.698.579
984.874.769

493
435.649
89.376.874
497.694.587
75.654.806

494
45.608.425
906.425.679
849.579.858
708.754.376

495
674.359.864
7.677.952
898.247.563
936.459

496
496.577
476.784.896
987.929.654
856.934.761

497
357.654
827.964.276
789.853
496.677.927

498
74.927
354.213.455
456.717
896.546.825

499
76.542
653.476
764.589.985
579.698.794

500
4.834
759.787.672
4.952.892
979.894.927

501
979.678.899
76.897
879.654.393
798.989.789

502
997.334
989.296.857
897.576.854
932.677.496

503
45.457.879
674.798.654
2.686.796
345.989.807

504
576.859
474.897.978
2.886.797
47.689.836

505
687.854
679.796.979
675.768
885.975.433

506
4.457.988
25.678.796
654.786.679
97.676.927

507
45.675.467
6.789.834
307.576.376
489.236.579

508
3.547.897
205.685.929
74.354.586
506.875.496

509
976.452
34.687.376
7.898.957
456.976.654

510
3.458.542
47.977.375
829.457
476.853.452

511
647.897
453.987.374
8.899.999
951.987.676

512
475.676.475
67.894.357
829.678.976
7.496.345

513
8.354.875
457.487.689
29.946.798
7.678.897

514
78.475.854
475.995.876
7.889.689
679.375.487

515
894.875
70.675.487
207.876.896
46.954.278

516
7.654.322
40.796.979
6.687.855
207.976.872

517
45.473.654
369.867
6.489.874
78.907.576

518
45.678.907
7.422.875
76.689.387
475.654.976

519
4.809.675
307.685.494
84.296.972
807.574.676

520
5.694.275
48.769.542
743.607.929
789.876

521
784.807
45.487.653
4.569.879
937.624.845

522
475.879
674.275.827
7.454
3.976.798

523
7.484
4.948.679
807.456.896
403.476

524
45.678
79.478.895
897.687.924
886.976.543

525	235.789 854.756.276 876.254 6 307 676.287.984	533	745.650.807 79.089 750.607.984 7.824.253 765.654.807	541	677 094.854 937 987.924.877 4.607.889 946.879.789
526	896.709 4.707.852 85.796 4.347.089 822.054.087	534	376.742 676.484.976 7.854 819.542.057 524.506.492	542	53.754 768.779.467 357.653 924.546.274 827.937.654
527	650.795 805.367.425 6.294.727 87.656 976.585.482	535	577.045.624 422.751.974 7.852 9.545.754 517.609.827	543	576.089.024 7.790 987.654.378 378.459 857.537.784
528	377.491.156 876.775 128.945.569 7.797.542 478.536.984	536	554.077 2.654 076 576.529.824 485.737.652 529.824.549	544	87.874 589.874.454 457.879 485.784.985 87.676
529	654.807 7.476.924 234.487.839 76.454 854.759.875	537	2.654.827 349.837.450 51.759 838.845.607 400.754.527	545	894.576.489 27.834 787.894.957 689 876.976 876.474.857
530	95.474 293.569.865 9.867.564 354.207 851 709.078.407	538	654.717.821 96.751 854.677.910 793.452.375 989.885	546	7.474.653 893.786.749 977.847.970 7.674.807 984.796.764
531	56.354 875.295 94.240 984 787.089.856 476.572.327	539	9.008 794.887.654 923.552.989 53.975 634.374.524	547	67.474 8.576.987 977.698.346 75.607.854 907.453.905
532	754.276.307 5.705 734.123 342.476.751 897.679.747	540	1.675.781 873.714.654 934.652.827 34.752 987.876.974	548	75.652.973 807.985.684 984.894.834 84.356.907 854.974.354

549	79 854	557	574.851	565	545.654.822
	689.483.796		327.987.859		476.375.529
	769 874.597		876.924		79.589
	424.276		457.604.589		7.598.778
	172.435.624		846.798.678		989.879.679
550	564.216.354	558	741.654.704	566	64.854
	457.689		896.759.898		96.753.478
	957.684.754		78.454		875.478.796
	976.789.698		652 789.829		845.697.685
	76.556		877.934		964.708.574
551	535.623	559	544.321.676	567	54.821
	537.451.825		455.764		957.476.974
	946.879.942		987.696.957		87.963.427
	54.676		852.376.476		879.454.609
	684.783.487		93.459.889		887.976.078
552	784.279.354	560	428.850	568	76.452
	827.459		634.237.549		827.954.589
	34.752		753.429.807		676.495.876
	797.686.546		8.597 935		379.475
	986.895.235		343.525.837		476.254.587
553	764.276.827	561	676.401.888	569	796.784.327
	5.934		765.465.854		695.418
	743.877.896		654.754.976		354.372.543
	469.979		489.894		94.954
	856.547.654		784.577.927		653.735.459
554	53.493	562	454.276.303	570	765.432.743
	582.374.897		6.659.879		484.379.852
	476.789.679		48.876		5.475
	543.236.544		997.459.953		498.799
	77.899		497.879.975		643.257.897
555	594.347.576	563	457.827	571	507.427
	652.284.675		454.364.934		834.236.454
	28.454		6.349.379		765.687.935
	654.382.352		835.235.478		94.879
	889.999		434.324.789		476.372.384
556	453.049.229	564	67.894	572	7.465
	77.460		692.352.373		843.946
	898.560.980		9.889.455		976.729.874
	560.782.650		897.576.987		453.947.697
	899.999		876.927.475		47.854.796

573	76.754	581	75.437	589	574.854.953
	74.049.387		475.487.879		76.875
	87.689		87.088.965		577.784.979
	8.487		6.969		6.452.324
	976.889.309		374.807.497		791.327.451
574	34.675	582	747.659	590	53.472
	8.748.789		36.469.877		689.824.537
	47.197.867		74.598		797.859.855
	4.267.968		4.376.954		6.987.874
	476.798		876.987.864		927.675.793
575	4.375.478	583	2.474.376	591	435.654.827
	76.339.895		7.046.794		63.889
	46.239		89.689		517.837.459
	575.839.875		781.047.076		9.456.859
	47.689.676		676.884.254		796.597.888
576	89.876	584	84.369	592	83.275
	32.478.495		47.647.898		789.727.694
	456.869.378		69.976		4.276.987
	9.796		876.247.689		765.465.879
	789.876.789		797.685.764		689.879.984
577	678.375	585	75.469	593	27.834
	24.747.786		45.687.987		789.889.476
	54.376		98.898		764.678.769
	6.776.924		874.676.496		6.487.554
	87.684		986.839.769		629.835.689
578	759.875	586	79.859	594	7.697.847
	76.476.694		47.887.678		965.436.984
	789.788		307.966.788		753.796
	896.480.672		475.807		874.325.976
	9.874.679		639.807.461		985.689.884
579	476.360	587	654.676.450	595	457.852
	74.784.470		56.437		907.234.074
	97.375		874.954.653		874.765.987
	176.870.794		678.869.762		37.456.876
	684.387.953		4.976.569		9.478.494
580	75.685.378	588	84.054	596	17.456.742
	837.456		876.498.769		76.976
	24.359.876		967.823.951		874.295.684
	507.876.934		2.827.924		8.764.325
	8.974.325		516.452.317		987.853.254

597
87.437
845.953.897
976.437.785
7.865.967
845.684.796
974.879.087

598
476.850
79.643.279
898.767.984
87.678.797
7.709.474
968.456.789

599
74.215.517
923 476.976
849.694.792
7.456.854
974.307.804
89.804.959

600
76.259
584.089.876
9.276.184
357.208.345
187.674
815.356.257

601
75.453
779.876.275
847.560
789 187.295
3.020.543
675 217.673

602
473 275.689
97.374
654.548.973
872.299.100
400.300
209.108.806

603
192.837.465
8.546
219.835.645
4.917.543
798 673.892
975.697.879

604
174.885.478
71.582.004
675.934.691
23.456
789.987.654
321.123.004

605
619
916.094.807
55.978
665.494.968
7.453.875
679.403.804

606
99 473
255.679.742
715.817.905
847.473
504.975.679
79.405

607
23.654
987.321.456
748.597.319
847.957.817
596.187
793.873.659

608
439.215.678
512.876
675.344.819
6.679.817
40.704
974.890.009

609
495.673.987
549.637.709
34.907
987.103.654
987.697
123.789.769

610
945.475.643
4.000.904
74.749
608.475.904
617.815.958
453.064

611
743.879.815
815.617
543.819.205
475.945.807
40.506
708.090.107

612
19.673
297.918.376
198.256.370
891.652.073
562.307
819.586.749

613
297.197.875
85.675
102.304.506
915.450
783.879.643
78.346

614
91.792
817.974.273
7.939.839
73.983
879.654.978
704.653.874

615
875.918
3.749.875
607
717.875.578
873.654
975.873.557

616
43.375
497.582.672
807.912
943.879.773
545.874
347.221.179

617
65.341
785.976.543
587.879.375
89.567
717.875.943
479.813.653

N°	Nombres	N°	Nombres	N°	Nombres
618	87.567	625	490.580	632	93 895
	379.727.436		874.965.477		744.097.607
	543.879.647		242.675.598		908.706.054
	847.718		93.487		876.793.879
	590.079.068		723.429.524		93.673
	958.673.875		343.385.634		793.879.653
619	75.945	626	493.058.970	633	97.840.724
	347.785.549		505.408		85.796.530
	7.819.973		735.287.743		454.084.785
	837.493 547		219.887.374		976.084.796
	94.579		47.050		684.895.694
	698.975.654		947.297.188		892 017.925
620	954.800	627	23.779	634	54.276
	674.985.774		367.495.587		4.568.947
	642.275.859		430.056		579.879.457
	73.849		364.594.783		78.456.974
	273.249.245		549.378		854.377.856
	433.835.643		367.598.798		975.084.917
621	943.805.709	628	97.876.681	635	4.765
	500.400		189.876.897		896.497
	375.872.473		577.649		989.769.884
	129.878.347		978.569.897		870.452.374
	75.004		46.387		85.694.956
	478.972.819		789.576.498		784.954.350
622	73.279	629	297.479	636	79.653
	673.549.875		123.040.506		843.975.679
	643.945.873		8.009		456.789
	495.783		743.879.687		987.654.321
	673.985.879		879.645		743.879.643
	304.050		349.798.473		971.738.642
623	987.676.819	630	230.450.670	637	743.946.876
	789.768.189		974.876		3.654
	974.675		456.948.275		937.378.549
	798.695.879		9.547		874.549
	43.876		923.435.639		879.674.654
	989.765 847		800.330		789.978.607
624	75.479	631	47.743	638	45.007
	679.679 649		645.504.914		600.780.910
	974.473.675		504.003		743.875.473
	2.293.678		743.879.473		975.654.383
	789 875		123.456.789		5.945.879
	507.674.874		54.321		543.873.235

639
247, 07
76, 295
7.849, 089
84.676, 007
94.897, 55
297.476, 007

640
4.754, 807
29, 005
679.387, 07
84.696, 695
797.878, 454
689.374, 275

641
49, 87
675, 755
74.784, 389
897.576, 5
49.854, 354
976.489, 675

642
48.476, 37
84, 35
7.469, 879
489.374, 207
684.978, 654
97, 95

643
687, 85
678.798, 475
795.875, 309
74.297, 75
397.689, 876
79.787, 765

644
48, 65
3.796, 879
84.698, 796
697.876, 687
784.793, 398
695.687, 865

645
8, 45
7.569, 875
876.474, 769
97.895, 395
789.784, 7
895.887, 876

646
87, 5
684, 375
97.896, 84
378.378, 754
894.297, 46
76.389, 375

647
397, 807
47.684, 754
376.897, 76
89.897, 902
737.487, 87
74.375, 295

648
4, 279
846, 365
7.468, 94
309.876, 876
495.784, 99
789.876, 265

649
4.567, 454
48.978, 875
698.397, 90
89.854, 357
758.379, 458
876.385, 758

650
75.476, 87
7.879, 985
857.958, 976
98.874, 394
987.689, 87
896.706, 357

651
7, 456
854, 375
74.987, 897
389.876, 985
76.975, 876
847.754, 257

652
14, 32
4.768, 445
297.896, 495
84.397, 876
987.568, 987
96.884, 789

653
789, 79
689.897, 957
74.876, 375
987.984, 396
879.276, 475
84.375, 794

654
74, 25
6.792, 325
794.676, 477
897.895, 755
49.657, 275
896.375, 377

655
457, 265
34.209, 807
407.997, 65
96.678, 345
854.207, 567
742.854, 234

656
4, 085
952, 674
57.678, 457
84.957, 094
976.764, 205
85.960, 605

657
7, 46
466.854, 267
74.898, 24
79, 674
987.684, 397
849.741, 476

658
425, 842
9.706, 453
854.954, 279
87.007, 985
795.895, 094
74.934, 025

659
470.854, 927
6.797, 654
842.357, 987
9.640, 85
454.057, 797
7.694, 045

N°	Nombres	N°	Nombres	N°	Nombres
660	275, 48	666	74.874, 364	672	4, 765
	78.594, 345		8.946, 2		3.742, 98
	824.769, 67		954.397, 825		497.654, 296
	47.684, 785		89.446, 296		54.396, 7
	989.797, 87		778.654, 37		7.467, 802
	978.456, 294		859.469, 749		605.783, 60
	84.787, 75		78.347, 005		396.456, 3
661	476, 287	667	7, 456	673	4.625, 754
	76.347, 65		4.674, 874		272.789, 87
	854.789, 759		758.988, 42		49.708, 35
	987, 88		75.827, 975		687.456, 795
	75.876, 3		852.976, 405		709, 64
	397.654, 276		976.853, 57		456.307, 83
	689.784, 356		89.357, 6		84.256, 394
662	7, 48	668	864, 75	674	147, 54
	684, 27		573.457, 67		374.689, 425
	78.296, 392		78.379, 455		79.476, 25
	934.934, 4		887.286, 54		8.957, 475
	76.456, 876		74.674, 22		979, 32
	794.376, 48		899.375, 929		954.207, 654
	869.687, 787		98.456, 135		989.854, 257
663	47, 65	669	76, 452	675	450.875, 45
	356, 879		42.684, 25		96 984, 375
	475.674, 008		789.376, 472		7.896, 796
	7.865, 78		74.254, 29		874.374, 84
	978.654, 487		895.376, 375		89.409, 754
	89.478, 6		84.454, 29		7.956, 85
	796.354, 296		687.295, 873		975.470, 705
664	34.276, 20	670	7.476, 87	676	425.607, 4
	4.987, 642		46.984, 954		704.935, 65
	94.396, 796		764.889, 79		89.742, 795
	395.297, 8		89.676, 978		878.964, 079
	478.507, 654		796, 39		94.376, 008
	789.854, 796		497.654, 476		407.684, 827
	87.676, 395		976.487, 652		984.356, 80
665	45.687, 75	671	84, 25	677	807.495, 75
	796.996, 884		709, 654		94.377, 075
	79.454, 37		85.643, 74		9.876, 902
	784.877, 756		976.437, 834		84.347, 529
	987.696, 3		43.796, 75		749.654, 75
	46.085, 804		954.627, 975		97.476, 854
	900.754, 709		87.976, 654		976.456, 84

678 634.875.407.456, 087
7.698.764.075, 095
875.497.346, 54
896.977.648.953, 745
974.886.979.475, 87
89.764.386.797, 954
875.974.797.942, 757

679 476.908.730.458, 37
84.875.926.795, 305
97.845.670, 415
896.574.907.548, 754
49.387.899.449, 690
946.385.985, 754
896.750.658.676, 456

680 875.047.027.754, 805
986.478.988.979, 65
909.654.854, 765
845.676.937.542, 807
907.452.843.674, 904
6.789.379.895, 85
654.897.904.807, 907

681 456.789, 935
459.878.456, 75
789.876.589.874, 454
76.988.697.995, 57
698.665.432.541, 007
84.794.356.478, 200
879.473.464.677, 405

682 764.356.475.807, 354
678.474.854.357, 807
435.789.796.798, 974
876.574.457, 65
74.345.685.928, 405
697.537.467.876, 35
784.296.409.654, 357

683 75.478.507, 504
674.985.686, 95
78.456.694.394, 235
895.697.867.459, 300
86.973.535.678, 75
397.568.946.785, 674
986.745.674.354, 200

684 742.340.075, 80
859.475.676.496, 375
78.594.396.584, 656
9.789.489.377, 495
687.875.743.509, 675
84.675.708, 35
987.654.321.423, 456

685 754.236.450, 009
8.973.421.768, 54
796.895.647.679, 750
845.700.968.796, 005
42.783.587, 207
95.763.895.645, 905
787.879.674.478, 05

686 76.456.264, 85
74.295.674.378, 907
9.767.349.853, 452
897.689.785.964, 675
946.854.294.456, 35
89.766.477.942, 653
876.472.248.957, 457

687 45.678.405.978, 65
989.098.574.356, 545
87.667.353.674, 370
978.854.967.819, 525
976.432.718, 674
343.563.741.074, 54
674.257.687.459, 754

688 76.456.857, 75
8.974.348.975, 695
796.495.789.694, 374
87.374.897.476, 49
678.496.924.764, 207
89.682.345.459, 607
496.924.356.479, 806

689 57.807, 453
674.696.954, 69
789.787.789.674, 795
69.875.480, 007
97.432.546.796, 05
684.346.275.987, 756
9.865.436.894, 705

690	729 417	708	583 235	726	725 437	744	347 294	762	376 187	780	957 879
691	632 521	709	995 747	727	834 445	745	576 287	763	452 289	781	978 495
692	836 314	710	451 323	728	948 859	746	586 397	764	976 589	782	874 199
693	748 534	711	762 425	729	752 275	747	804 377	765	476 297	783	742 375
694	654 433	712	853 734	730	749 573	748	507 295	766	705 479	784	876 492
695	867 625	713	974 847	731	852 474	749	400 245	767	694 197	785	742 676
696	969 733	714	855 548	732	577 209	750	605 294	768	747 254	786	744 179
697	875 750	715	972 729	733	683 494	751	846 379	769	754 264	787	654 178
698	980 550	716	681 168	734	707 493	752	676 297	770	857 249	788	456 277
699	696 424	717	774 405	735	576 297	753	374 296	771	978 499	789	674 287
700	721 513	718	565 457	736	574 247	754	607 409	772	879 497	790	842 376
701	925 519	719	726 418	737	698 299	755	800 501	773	678 487	791	478 297
702	733 314	720	523 354	738	764 292	756	652 294	774	964 256	792	874 397
703	847 629	721	745 254	739	945 654	757	844 586	775	745 359	793	976 358
704	952 734	722	847 368	740	657 289	758	753 684	776	678 499	794	456 388
705	864 135	723	335 147	741	784 395	759	946 278	777	854 375	795	754 277
706	767 548	724	475 287	742	875 697	760	545 484	778	456 298	796	855 278
707	971 422	725	617 429	743	376 189	761	818 209	779	976 495	797	476 287

798	454.565 7.347	816	457.427 289.268	834	467.007 84.339	852	857.247 798.478
799	645.742 8.525	817	375.147 196.078	835	458.075 75.497	853	577.405 198.576
800	478.754 97.125	818	967.435 76.546	836	878.045 85.579	854	704.555 375.697
801	249.764 87.125	819	455.310 8.474	837	784.725 97.857	855	347.257 179.879
802	487.654 298.047	820	478.726 289.357	838	357.417 87.779	856	455.606 179.80[illegible]
803	405.425 216.217	821	459.435 88.576	839	564.022 82.107	857	756.374 457.495
804	426.790 79.179	822	457.565 89.798	840	747.207 61.745	858	697.899 308.849
805	426.542 179.127	823	245.751 72.984	841	134.207 70.709	859	359.854 204.905
806	845.472 478.304	824	547.422 268.657	842	450.007 62.095	860	746.879 500.899
807	658.765 279.007	825	246.745 68.976	843	456.785 137.097	861	456.874 399.612
808	457.421 178.175	826	457.495 68.597	844	740.070 471.097	862	347.854 79.678
809	345.745 279.276	827	238.475 177.987	845	767.405 409.876	863	345.654 174.876
810	456.678 146.578	828	475.647 92.278	846	870.050 757.147	864	897.954 541.378
811	347.123 274.075	829	256.456 74.179	847	700.707 209.889	865	907.454 708.596
812	847.457 457.424	830	678.407 93.218	848	357.074 196.407	866	897.452 508.578
813	457.424 178.175	831	780.705 90.877	849	476.277 197.689	867	654.087 87.659
814	477.853 187.485	832	879.425 94.177	850	645.444 452.070	868	847.654 759.879
815	478.727 289.356	833	789.852 49.776	851	750.007 467.459	869	854.087 98.498

870	454.540.756	8.899.987	888	746.009.504	8.009.715	906	437.900.012	78.900.017
871	457.652 478	49.876.579	889	418.030.450	27.740.761	907	405.234.542	53.012.479
872	484.765.432	292.976.974	890	458.300.070	28.412.391	908	746.547.903	61.472.991
873	256.895.454	4.947.872	891	759.400.007	71.900.749	909	587.847.007	94.958.098
874	697.345.954	89.807.795	892	457.432.987	79.941.769	910	547.870.047	4.951.749
875	754.674.895	64.834.795	893	348.754.320	279.922.476	911	657.462.024	79.834.015
876	753.807.954	857.995	894	879.765.833	19.837.692	912	457.804.356	65.907.127
877	764.675.790	275.987.899	895	824.505.937	9.436.379	913	867.491.234	91.374.927
878	507.895.954	407.984.876	896	705.454.377	7.792.198	914	474.827.456	82.456.622
879	400.746.807	200.837.984	897	247.400.824	83.291.817	915	737.576.824	75.954.942
880	451.900.797	7.191.989	898	879.457.651	97.780.079	916	645.479.846	493.791.797
881	345.807.904	176.943.745	899	678.453.001	94.567.007	917	784.500.743	563.712.597
882	542.600.741	6.723.745	900	457.893.453	9.594.327	918	875.674.745	94.789.823
883	820.470.015	554.376	901	458.745.976	179.970.069	919	389.370.045	489.154
884	810.847.065	614.896.874	902	104.007.852	72.876.194	920	745.874.320	97.905.483
885	427.476.987	177.191.989	903	567.534.852	72.876.194	921	657.453.854	69.791.563
886	649.405.067	579.647.189	904	478.754.900	9.472.674	922	874.807.790	65.910.047
887	274.007.304	92.129.405	905	678.476.501	89.497.354	923	997.007.001	45.124.375

924	847.653.454 74.375.576	942	456.700.750 45.612.495	960	453.007.527 276.499.619
925	850.070.452 97.050.654	943	476.227.487 247.624.756	961	837.040.054 4.134.567
926	475.364.378 297.273.457	944	876.007.054 798.435.495	962	975.076.024 584.839.752
927	546.807.575 277.451.794	945	564.079.758 285.187.976	963	400.700.007 203.405.604
928	653.405.995 476.294.474	946	753.097.507 194.289.778	964	854.375.956 457.827
929	956.753.764 678.404.954	947	400.075.546 93.457.897	965	827.235.465 549.147.276
930	677.454.854 495.647.562	948	534.857.678 472.789.756	966	977.405.370 95.504.790
931	789.543.578 497.379.357	949	450.007.546 40.079.452	967	456.954.827 377.472.918
932	676.527.528 424.709.798	950	487.054.554 98.047.775	968	752.347.824 73.259.677
933	844.565.647 753.676.575	951	475.907.754 69.419.548	969	974.500.700 93.235.945
934	877.456.756 398.298.575	952	905.207.246 746.855.472	970	976.453.876 455.972.395
935	956.875.587 764.697.754	953	797.542.240 8.765.576	971	839.457.354 745.689.835
936	764.927.074 676.489.572	954	574.554.247 59.676.452	972	576.874.250 97.093.475
937	896.467.756 97.964.847	955	468.207.427 9.704.554	973	845.977.605 7.884.996
938	984.375.578 678.227.754	956	754.007.454 679.005.765	974	875.459.805 97.140.976
939	950.076.074 475.207.454	957	954.875.754 577.469.579	975	847.654.976 39.787.495
940	477.275.759 298.345.847	958	432.700.769 71.904.257	976	984.700.064 76.975.479
941	375.427.587 189.719.754	959	650.079.059 479.084.764	977	654.856.977 7.965.437

N°		
978	764.907, 05	87.929, 795
979	346.176, 007	78.487, 878
980	656.450, 054	78.677, 09
981	376.570, 005	87.745, 15
982	752.475, 754	89.787, 95
983	897.450, 07	98.776, 095
984	423.750, 5	56.879, 75
985	356.842, 25	47.974, 745
986	754.754, 7	37.679, 25
987	267.475, 75	79.797, 975
988	764.704, 23	87.957, 747
989	465.742, 5	76.908, 075
990	787.654, 5	98.298, 25
991	576.427, 9	89.550, 957
992	347.495, 5	79.789, 756
993	654.652, 5	73.475, 76
994	843.276, 75	77.787, 985
995	357.402, 5	69.776, 756
996	548.757, 05	69.899, 76
997	654.565, 5	78.749, 895
998	467.517, 5	89.349, 756
999	258.542, 07	74 784, 987
1000	489.476, 376	4.787, 45
1001	478.454, 85	9.589, 975
1002	467.465, 75	8.234, 975
1003	748.760, 4	279.429, 75
1004	567.476, 08	277.988, 795
1005	476.435, 5	285.489, 875
1006	378.989, 01	189.471, 875
1007	267.576, 72	189.487, 695
1008	641.764, 05	576.376, 476
1009	717.425, 5	458.764, 757
1010	624.760, 45	576.978, 976
1011	870.079, 04	198.789, 958
1012	645.652, 5	178.794, 74
1013	578.576, 5	289.709, 769
1014	487.854, 5	198.965, 428
1015	789.706, 5	99.879, 765
1016	476.407, 35	7.984, 075
1017	159.427, 7	74.796, 456
1018	745.600, 05	87.740, 275
1019	478.465, 5	9.794, 759
1020	874.276, 75	94.769, 576
1021	784.529, 02	95.947, 354
1022	477.435, 30	58.507, 295
1023	976.007, 45	48.943, 775
1024	798.344, 5	14.792, 756
1025	477.456, 72	98.748, 809
1026	789.576, 5	99.767, 357
1027	549.876, 55	8.957, 546
1028	742.576, 853	179.409, 07
1029	764.007, 257	97.042, 549
1030	877.574, 9	98.347, 257
1031	754.252, 5	272.189, 756

1032	112	1	1050	543	3	1068	564	5	1086	482	7	1104	789	8	1122	789	9
1033	113	2	1051	476	4	1069	379	6	1087	673	8	1105	897	9	1123	470	2
1034	123	3	1052	763	5	1070	407	7	1088	452	9	1106	756	2	1124	674	3
1035	124	4	1053	379	6	1071	839	8	1089	824	2	1107	676	3	1125	873	4
1036	215	5	1054	245	7	1072	987	9	1090	347	3	1108	749	4	1126	453	5
1037	902	6	1055	566	8	1073	676	2	1091	947	3	1109	876	5	1127	767	6
1038	714	7	1056	827	9	1074	436	3	1092	654	4	1110	768	6	1128	975	7
1039	707	8	1057	940	2	1075	927	4	1093	842	5	1111	789	7	1129	437	8
1040	416	9	1058	623	3	1076	875	5	1094	762	6	1112	769	8	1130	842	9
1041	545	2	1059	454	4	1077	464	6	1095	452	7	1113	879	9	1131	954	2
1042	346	3	1060	567	5	1078	276	7	1096	764	8	1114	456	2	1132	375	3
1043	276	4	1061	874	6	1079	769	8	1097	874	9	1115	789	3	1133	845	4
1044	307	5	1062	367	7	1080	477	9	1098	765	2	1116	876	4	1134	674	5
1045	406	6	1063	453	8	1081	695	2	1099	687	3	1117	456	5	1135	347	6
1046	547	7	1064	842	9	1082	989	3	1100	454	4	1118	768	6	1136	576	7
1047	876	8	1065	769	2	1083	549	4	1101	784	5	1119	476	7	1137	876	8
1048	426	9	1066	847	3	1084	354	5	1102	367	6	1120	347	8	1138	795	9
1049	289	2	1067	564	4	1085	287	6	1103	489	7	1121	889	9	1139	974	9

1140	489.507 2	1158	653.407 4	1176	390.542 5	1194	687.899 7
1141	654.764 3	1159	753.423 5	1177	347.824 6	1195	876.789 8
1142	200.705 4	1160	854.753 6	1178	784.260 7	1196	689.879 9
1143	924.654 5	1161	857.453 7	1179	485.296 8	1197	847.987 7
1144	753.407 6	1162	673.459 8	1180	945.678 9	1198	674.789 8
1145	923.247 7	1163	747.827 9	1181	369.452 2	1199	987.685 9
1146	951.847 8	1164	942.276 9	1182	864.207 3	1200	456.907 3
1147	657.432 9	1165	954.376 2	1183	475.654 4	1201	875.450 4
1148	837.476 6	1166	742.087 3	1184	365.408 5	1202	357.405 5
1149	670.075 7	1167	427.907 4	1185	824.025 6	1203	975.654 6
1150	456.024 4	1168	456.876 5	1186	547.686 7	1204	907.075 7
1151	653.707 7	1169	345.654 6	1187	879.789 8	1205	578.045 8
1152	839.456 6	1170	857.976 7	1188	487.676 9	1206	974.834 9
1153	576.824 5	1171	484.237 8	1189	765.478 2	1207	375.406 4
1154	744.527 8	1172	870.089 9	1190	742.389 3	1208	927 454 5
1155	677.456 9	1173	574.345 2	1191	875.784 4	1209	905.453 6
1156	975.045 2	1174	654 237 3	1192	647.548 5	1210	845.405 8
1157	547.854 3	1175	576.484 4	1193	484 374 6	1211	845.607 9

N°	Multiplicande	Multiplicateur	N°	Multiplicande	Multiplicateur	N°	Multiplicande	Multiplicateur
1212	718.476.254	2	1230	575.696.707	4	1248	695.007.678	5
1213	764.867.678	3	1231	654.008.579	5	1249	784.653.484	4
1214	697.374.024	4	1232	395.576.927	7	1250	839.754.607	3
1215	857.654.925	7	1233	443.570.074	8	1251	476.974.827	5
1216	769.654.769	6	1234	789.870.795	9	1252	654.820.074	6
1217	475.427.654	7	1235	896.893.954	8	1253	706.007.475	7
1218	694.744.827	8	1236	976.356.453	9	1254	864.076.084	4
1219	985.564.542	9	1237	987.654.079	7	1255	974.827.454	8
1220	847.959.542	8	1238	837.054.007	8	1256	607.907.807	9
1221	737.570.742	6	1239	494.007.654	9	1257	748.754.097	2
1222	894.344.807	7	1240	574.854.376	7	1258	875.473.974	3
1223	792.670.074	5	1241	747.678.453	8	1259	574.854.967	4
1224	982.567.907	3	1242	476.864.607	9	1260	484.326.456	5
1225	880.087.370	4	1243	546.876.005	8	1261	900.741.854	6
1226	947.607.527	2	1244	607.405.007	7	1262	652.872.954	7
1227	845.794.653	7	1245	676.423.754	8	1263	307.452.854	8
1228	477.406.823	3	1246	407.676.005	8	1264	907.405.324	9
1229	394.756.928	6	1247	598.471.007	6	1265	274.279.405	8

1266	215	10	1284	477	28	1302	590	46	1320	437	64	1338	689	82	1356	807	45
1267	719	11	1285	878	29	1303	539	47	1321	865	65	1339	574	83	1357	458	13
1268	324	12	1286	984	30	1304	625	48	1322	766	66	1340	657	84	1358	975	24
1269	426	13	1287	586	31	1305	609	49	1323	964	67	1341	987	85	1359	454	27
1270	529	14	1288	487	32	1306	676	50	1324	354	68	1342	673	86	1360	378	36
1271	638	15	1289	502	33	1307	703	51	1325	684	69	1343	457	87	136[illegible]	[illegible]	38
1272	735	16	1290	697	34	1308	750	52	1326	854	70	1344	964	88	1362	815	45
1273	540	17	1291	775	35	1309	747	53	1327	578	71	1345	827	89	1363	469	48
1274	245	18	1292	484	36	1310	872	54	1328	476	72	1346	979	90	1364	875	54
1275	754	19	1293	355	37	1311	870	55	1329	987	73	1347	657	91	1365	904	57
1276	456	20	1294	977	38	1312	807	56	1330	674	74	1348	895	92	1366	342	65
1277	359	21	1295	344	39	1313	940	57	1331	845	75	1349	937	93	1367	456	69
1278	564	22	1296	359	40	1314	957	58	1332	976	76	1350	464	94	1368	803	78
1279	167	23	1297	371	41	1315	907	59	1333	743	77	1351	687	95	1369	975	75
1280	568	24	1298	405	42	1316	475	60	1334	876	78	1352	978	96	1370	435	82
1281	669	25	1299	470	43	1317	654	61	1335	769	79	1353	754	97	1371	875	85
1282	871	26	1300	487	44	1318	876	62	1336	357	80	1354	874	98	1372	434	95
1283	976	27	1301	505	45	1319	956	63	1337	487	81	1355	954	99	1373	307	35

1374	276.475	10	1392	835.678	28	1410	759.407	46	1428	456.977	64
1375	954.828	[illegible]	1393	786.795	29	1411	677.607	47	1429	376.456	65
1376	384.957	12	1394	843.576	30	1412	796.450	48	1430	896.907	66
1377	607.405	13	1395	794.807	31	1413	984.765	49	1431	454.275	67
1378	807.405	14	1396	853.477	32	1414	470.079	50	1432	753.537	68
1379	943.822	15	1397	957.834	33	1415	834.027	51	1433	427.907	69
1380	707.045	16	1398	594.827	34	1416	976.450	52	1434	654.079	70
1381	674.653	17	1399	943.[illegible]54	35	1417	654.320	53	1435	897.654	71
1382	753.824	18	1400	609.834	36	1418	753.827	54	1436	678.967	72
1383	767.984	19	1401	794.604	37	1419	600.700	55	1437	674.875	73
1384	657.480	20	1402	827.454	38	1420	407.954	56	1438	974.854	74
1385	824.756	21	1403	796.450	39	1421	834.905	57	1439	695.437	75
1386	476.937	22	1404	687.070	40	1422	976.753	58	1440	674.854	76
1387	854.961	23	1405	834.750	41	1423	489.807	59	1441	746.759	77
1388	674.897	24	1406	976.450	42	1424	796.453	60	1442	874.079	78
1389	978.007	25	1407	607.741	43	1425	794.835	61	1443	134.679	79
1390	879.678	26	1408	987.654	44	1426	456.054	62	1444	769.859	80
1391	769.407	27	1409	746.824	45	1427	546.854	63	1445	674.874	81

1446	987.432.594	46
1447	879.543.254	47
1448	607.045.079	48
1449	854.976.478	49
1450	674.807 009	50
1451	874.370 094	51
1452	874.217.009	52
1453	674.807.009	53
1454	430.079.654	54
1455	674.807 605	55
1456	476.798.079	56
1457	874.252.697	57
1458	297.654.874	58
1459	798.087.095	59
1460	487.974.827	60
1461	654.037.459	61
1462	679.854.372	62
1463	499.854.372	63
1464	454.284.897	64
1465	974.896.076	65
1466	796.842.177	66
1467	659.878.453	67
1468	796.800.457	68
1469	678.800.457	69
1470	478 653.457	70
1471	324.983.457	71
1472	547.837.450	72
1473	876.956.279	73
1474	798.347.870	74
1475	878.789.698	75
1476	479.789.675	76
1477	767.787.879	77
1478	678.545.489	78
1479	467.854.349	79
1480	346.878.576	80
1481	957.689.845	81
1482	807.976.453	82
1483	927.827.463	83
1484	453.976.567	84
1485	745.976.453	85
1486	629.834.577	86
1487	837.674.589	87
1488	475.899.907	88
1489	759.607.456	89
1490	827.896.765	90
1491	476 967.839	91
1492	395.797.698	92
1493	795.437.890	93
1494	807.767.489	94
1495	478.979.654	95
1496	389.878.598	96
1497	837.874.894	97
1498	587.954.980	98
1499	678.541.543	99

1500	457 234	1518	654 784	1536	840 465	1554	454 357	1572	347 954	1590	974 378
1501	674 246	1519	895 654	1537	981 670	1555	495 875	1573	257 859	1591	354 476
1502	827 495	1520	457 689	1538	954 267	1556	654 975	1574	674 307	1592	876 984
1503	456 375	1521	795 837	1539	870 541	1557	745 684	1575	675 439	1593	456 854
1504	978 365	1522	576 847	1540	807 954	1558	784 875	1576	475 694	1594	916 564
1505	346 378	1523	456 976	1541	354 289	1559	976 854	1577	454 679	1595	846 307
1506	475 260	1524	876 439	1542	654 978	1560	976 429	1578	384 807	1596	927 456
1507	453 576	1525	654 457	1543	687 984	1561	670 847	1579	405 976	1597	453 854
1508	874 256	1526	856 978	1544	725 297	1562	754 979	1580	746 376	1598	954 954
1509	738 453	1527	349 546	1545	857 978	1563	607 495	1581	987 845	1599	856 807
1510	764 374	1528	796 437	1546	584 897	1564	835 905	1582	804 975	1600	408 375
1511	573 459	1529	954 876	1547	976 457	1565	676 484	1583	676 796	1601	507 429
1512	873 957	1530	684 837	1548	678 376	1566	970 795	1584	805 567	1602	674 854
1513	674 893	1531	945 654	1549	594 896	1567	854 347	1585	875 492	1603	745 876
1514	457 658	1532	385 987	1550	954 678	1568	654 987	1586	765 987	1604	798 974
1515	943 765	1533	854 976	1551	542 970	1569	807 454	1587	654 795	1605	476 854
1516	476 934	1534	543 567	1552	824 307	1570	653 925	1588	895 978	1606	654 327
1517	376 489	1535	940 657	1553	406 378	1571	854 937	1589	654 897	1607	954 376

N°	Multiplicande	Multiplicateur
1608	456.809	110
1609	765.407	257
1610	709.857	340
1611	650.074	457
1612	834.765	518
1613	784.676	659
1614	937.456	705
1615	976.858	800
1616	769.874	940
1617	654.987	184
1618	897.676	257
1619	978.457	346
1620	876.574	457
1621	769.876	526
1622	457.974	640
1623	853.473	703
1624	957.456	854
1625	704.357	907
1626	827.400	187
1627	578.456	303
1628	824.956	387
1629	347.653	457
1630	875.907	520
1631	456.824	654
1632	753.493	752
1633	976.489	877
1634	675.456	945
1635	978.754	150
1636	976.546	200
1637	834.907	317
1638	457.834	456
1639	786.989	576
1640	827.569	623
1641	650.049	729
1642	854.076	840
1643	747.898	907
1644	647.959	183
1645	647.954	265
1646	834.706	370
1647	900.897	405
1648	807.475	576
1649	986.007	726
1650	943.554	819
1651	837.454	947
1652	967.827	425
1653	976.857	207
1654	678.984	345
1655	675.454	474
1656	730.064	500
1657	470.853	670
1658	984.765	756
1659	947.876	842
1660	689.834	943
1661	800.745	447
1662	945.634	235
1663	827.456	347
1664	769.487	426
1665	695.844	575
1666	978.456	627
1667	764.875	318
1668	654.265	429
1669	346.854	537
1670	976.954	842
1671	650.079	935
1672	645.724	359
1673	965.789	327
1674	697.896	938
1675	767.467	349
1676	457.679	937
1677	747.876	945
1678	789.379	849
1679	874.119	927

1680	475.709.453	752
1681	798.945.653	854
1682	807.497.875	965
1683	956.676.476	756
1684	466.007.452	817
1685	875.307.429	978
1686	945.427.953	479
1687	659.853.927	745
1688	746.784.957	976
1689	678.987.978	827
1690	879.769.652	498
1691	746.779.478	979
1692	975.784.899	802
1693	854.753.907	743
1694	897.654.689	345
1695	984.794.847	456
1696	657.984.854	518
1697	696.007.453	673
1698	508.976.487	607
1699	976.789.857	761
1700	698.792.387	841
1701	967.845.796	954
1702	895.746.846	107
1703	978.574.946	291
1704	679.789.840	372
1705	978.876.456	452
1706	769.457.989	509
1707	897.876.954	600
1708	978.674.856	721
1709	796.784.694	804
1710	789.657.496	976
1711	896.847.986	164
1712	767.986.476	384
1713	896.794.589	376
1714	976.654.807	425
1715	897.807.006	576
1716	984.495.384	650
1717	674.758.437	759
1718	787.834.789	805
1719	890.456.823	987
1720	878.947.537	100
1721	997.457.894	207
1722	769.677.564	345
1723	689.834.954	678
1724	987.654.854	895
1725	678.896.453	745
1726	768.953.827	607
1727	487.954.957	705
1728	676.879.745	807
1729	487.976.456	945
1730	875.407.907	657
1731	754.307.957	785
1732	895.456.376	769
1733	304.857.950	897

1734	547.874	1.076	1752	746.677	1.452	1770	489.879	1.072	1788	976.432	1.078
1735	954.654	7.457	1753	978.457	2.375	1771	469.889	2.004	1789	834.753	2.475
1736	853.769	3.289	1754	895.765	3.726	1772	576.478	3.007	1790	456.854	3.725
1737	849.654	4.507	1755	674.894	4.007	1773	874.987	4.057	1791	769.456	4.723
1738	749.874	5.070	1756	674.595	5.764	1774	676.489	5.360	1792	690.790	5.709
1739	847.654	6.405	1757	476.897	6.875	1775	827.579	6.405	1793	456.376	6.482
1740	747.876	7.487	1758	987.494	7.458	1776	748.356	7.007	1794	805.479	3.467
1741	754.679	8.435	1759	796.785	8.343	1777	957.834	8.876	1795	674.825	8.907
1742	457.854	9.768	1760	687.807	9.201	1778	654.267	9.465	1796	975.406	5.678
1743	679.456	1.304	1761	700.789	1.425	1779	987.824	1.076	1797	807.405	4.937
1744	947.856	2.547	1762	654.827	2.347	1780	689.587	2.007	1798	794.307	8.418
1745	978.454	3.078	1763	789.456	3.453	1781	895.677	3.457	1799	357.483	3.568
1746	837.954	4.527	1764	476.895	4.070	1782	987.684	4.567	1800	279.456	4.768
1747	576.453	5.600	1765	746.954	5.672	1783	895.769	5.785	1801	889.654	6.547
1748	827.546	6.276	1766	727.968	6.376	1784	987.686	6.219	1802	654.074	9.875
1749	769.460	7.452	1767	479.689	7.450	1785	585.689	7.450	1803	879.045	4.684
1750	879.456	8.307	1768	895.679	8.270	1786	543.896	8.327	1804	409.376	8.945
1751	789.734	9,007	1769	576.676	9.207	1787	543.956	9.475	1805	743.674	6.742

1806	457.670.087	4.564
1807	974.670.087	8.978
1808	874.345.054	6.978
1809	847.067.009	4 768
1810	475.087.654	7.498
1811	567.004.980	7.487
1812	679.009.675	6.589
1813	345.074.854	4.781
1814	347.654.857	9.874
1815	976.405.674	9.876
1816	547.689.476	7.497
1817	764.897.695	8.007
1818	847.987.574	9.075
1819	973.895.676	1.087
1820	475.795.834	2.076
1821	785.747.827	3 476
1822	807.954.369	4.637
1823	584.476.854	5.728
1824	365.654.574	6.425
1825	478.956.826	7.432
1826	953.769.476	8.421
1827	807.489.856	9.076
1828	456.769.859	1.754
1829	980.479.879	2.005
1830	815.456.789	3.575
1831	478.589.875	4.357
1832	789.987.654	5.467
1833	978.978.576	6.427
1834	375.456.347	7.524
1835	454.879.456	8.419
1836	877.898.701	9.476
1837	579.900.746	1.347
1838	608.908.407	2.357
1839	907.987.456	3.456
1840	654.476.889	4.789
1841	365.674 987	5.321
1842	587.789.864	6.005
1843	876.694.654	9.025
1844	497.364.956	8.470
1845	484.984.805	9.754
1846	576.976.474	1.796
1847	487.847.207	2.450
1848	879.947.953	3.785
1849	653.875.450	4.690
1850	789.756.472	5.796
1851	589.047.207	2.450
1852	879.747.653	3.785
1853	653.875.450	4.690
1854	789.756.472	5.796
1855	877.986.755	6.790
1856	543.989.765	7.894
1857	879.847.654	7.646
1858	478.989.765	8.765
1859	937.497.895	9.769

1860	546.876 94.347	1878	794.354 80.054	1896	654.276 47.689	1914	789.434 64.257
1861	974.357 95.684	1879	694.357 47.876	1897	376.542 97.864	1915	654.276 45.678
1862	845.906 87.976	1880	489.656 74.879	1898	534.857 94.254	1916	987.854 98 654
1863	754.276 47.839	1881	678.954 87.859	1899	927.854 36.956	1917	804.532 79.465
1864	807.956 45.674	1882	786.789 69.854	1900	845.647 76.894	1918	867.453 96.207
1865	840.756 95.867	1883	674.352 42.065	1901	765.435 46.893	1919	674.875 85.384
1866	747.865 98.342	1884	874.327 53.476	1902	956.433 77.807	1920	976.436 90.074
1867	765.869 34.578	1885	675.487 80.076	1903	940.075 78.956	1921	987.407 98.307
1868	759.364 27 895	1886	437.852 76.907	1904	754.276 85.947	1922	546.743 98.765
1869	875.794 37.896	1887	674.032 69.078	1905	954.276 79.456	1923	764.925 64.875
1870	987.654 65.437	1888	780.075 49.075	1906	897.456 87.493	1924	695.468 98.765
1871	943.765 89.374	1889	476.843 85.654	1907	765.435 97.875	1925	840.677 50.274
1872	674.307 42.765	1890	947.654 36.744	1908	654.375 84.296	1926	654.857 80 076
1873	274.375 97.684	1891	876.492 79.854	1909	674.354 96.746	1927	748 357 85 307
1874	796.465 74.354	1892	478.957 56.876	1910	876.452 70.809	1928	976 464 60.054
1875	470.076 74.294	1893	764.307 79.654	1911	604.352 47.689	1929	854.307 67.084
1876	653.074 70.045	1894	764.854 37.654	1912	764.253 76.454	1930	750.074 85.656
1877	764.385 45.678	1895	940.768 70.004	1913	893.507 76.489	1931	976.874 37.495

1932	890.000 7.000	1950	920.000 7.800	1968	870.000 54.600	1986	964.000 2.500
1933	540.090 6.900	1951	405.000 4.760	1969	375.400 92.700	1987	914.400 7.200
1934	650.000 8.400	1952	480.000 5.000	1970	875.400 96 600	1988	851.000 6.900
1935	750.000 9.700	1953	745.000 6.700	1971	746 300 75.200	1989	781.000 1.900
1936	810.000 47.000	1954	990.000 3.490	1972	454.000 2.500	1990	697.800 1.600
1937	425.000 6.500	1955	753.400 7.500	1973	970.000 4.000	1991	977.700 4.900
1938	780.000 4.000	1956	507.000 450	1974	684.000 1.200	1992	246.000 4.200
1939	890.000 7.500	1957	905.000 8.700	1975	987.400 7.000	1993	760.000 74.200
1940	407.000 4.500	1958	854.000 7.500	1976	874.000 700	1994	809.000 95.600
1941	230.000 4.900	1959	974.000 65.400	1977	745.000 6.000	1995	742.800 47.000
1942	890.000 79.000	1960	940.000 7.600	1978	996.000 7.900	1996	760.000 46.200
1943	741.000 95.000	1961	475.300 96.700	1979	857.100 1.900	1997	876.000 42.000
1944	975.000 70.400	1962	840.000 9.650	1980	735.000 16.000	1998	890.000 98.400
1945	604.000 702.000	1963	975.400 87.500	1981	549.000 45.000	1999	794.000 97.400
1946	925.000 78.000	1964	750.600 9.740	1982	823.000 21.400	2000	670.000 45.000
1947	504.000 7.600	1965	980.000 8.450	1983	611.000 7.400	2001	870.000 47.900
1948	820.000 74.300	1966	670.000 47.500	1984	759.000 2.700	2002	675.400 76.000
1949	650.000 72.000	1967	987.000 89.000	1985	827.500 3.400	2003	980.000 79.000

2004	548.700.000 47.000	2022	563.002.000 827.400	2040	680.090.000 589.000
2005	823.000.000 754.000	2023	500.040.000 300.700	2041	740.050.000 897.400
2006	307.450.000 754.000	2024	670.709.000 500.400	2042	300.400.000 800.700
2007	699.400.000 834.000	2025	600.301.000 400.700	2043	450.040.000 89.400
2008	549.000.000 427.000	2026	820.030.000 5.400.700	2044	800.900.000 705.000
2009	679.780.000 78.500	2027	300.740.000 897.000	2045	470.060.000 453.000
2010	987.654.000 6.540	2028	975.007.000 457.600	2046	607.040.000 50.700
2011	927.540.000 896.500	2029	872.004.000 700.500	2047	460.070.000 35.400
2012	475.000.000 7.964.000	2030	605.004.000 900.700	2048	607.090.000 40.700
2013	824.700.000 497.000	2031	845.004.000 700.040	2049	795.600.000 896.000
2014	567.450.000 794.300	2032	607.001.000 400.500	2050	452.850.000 764.800
2015	542.570.000 69.400	2033	370.090.000 47.900	2051	674.870.000 795.600
2016	893.700.000 457.000	2034	675.007.000 790.000	2052	478.769.000 450.000
2017	657.430.000 879.400	2035	570.080.000 34.500	2053	876.470.000 740.800
2018	754.600.000 529.000	2036	670.080.000 896.000	2054	807.450.000 794.000
2019	895.790.000 49.500	2037	790.040.000 764.000	2055	654.850.000 974.000
2020	659.070.000 80.400	2038	670.090.000 456.000	2056	795.654.000 84.700
2021	760.040.000 400.700	2039	740.070.000 45.000	2057	405.974.800 45.000

2058	787.254, 25 74	2076	595.960, 078 697	2094	540.807, 45 7.986
2059	679.349, 875 98	2077	198.793, 001 974	2095	176.986, 405 8.479
2060	874.549, 765 59	2078	557.276, 027 749	2096	149.653, 805 4.987
2061	765.679, 854 78	2079	25.490, 005 678	2097	239.576, 003 7.968
2062	898.747, 94 49	2080	819.765, 079 456	2098	760.545, 755 3.275
2063	794.377, 225 59	2081	654.837, 679 796	2099	690.523, 414 47.907
2064	456.574, 897 48	2082	647.972, 829 984	2100	590.009, 203 78.965
2065	487.789, 095 57	2083	627.454, 075 627	2101	470.075, 237 89.423
2066	545.647, 235 75	2084	47.907, 853 685	2102	540.075, 237 68.975
2067	883.749, 005 89	2085	774.357, 907 897	2103	450.845, 74 47.496
2068	687.451, 25 375	2086	774.357, 907 568	2104	697.485, 705 56.497
2069	354.835, 27 459	2087	557.800, 004 786	2105	705.496, 855 9.496
2070	795.678, 745 786	2088	674.705, 654 709	2106	970.075, 085 79.826
2071	498.957, 57 486	2089	951.654, 847 976	2107	654.325, 452 47.432
2072	787.945, 235 798	2090	980.017, 004 678	2108	845.974, 075 20.327
2073	598.075, 745 476	2091	872.072, 004 849	2109	943.765, 45 37.048
2074	287.407, 617 897	2092	764.527, 907 679	2110	345.678, 075 44.695
2075	674.257, 815 978	2093	340.705, 805 4.387	2111	745.643, 25 84.796

N°	Multiplicande	Multiplicateur
2112	545.676	29, 125
2113	767.896	53, 475
2114	658.479	47, 79
2115	937.004	9, 875
2116	784.367	29, 5
2117	674.347	154, 7
2118	954.327	84, 05
2119	471.089	9, 765
2120	974.076	8, 765
2121	345.807	29, 025
2122	975.352	17, 05
2123	985.807	27, 05
2124	674.257	49, 054
2125	689.853	76, 075
2126	647.835	42, 05
2127	340.525	746, 425
2128	540.857	256, 578
2129	980.075	547, 076
2130	174.089	786, 025
2131	975.687	906, 078
2132	740.796	291, 457
2133	547.374	700, 09
2134	678.457	604, 539
2135	856.374	596, 007
2136	975.453	379, 025
2137	820.071	76, 425
2138	937.095	670, 007
2139	417.896	47, 005
2140	534.624	53, 075
2141	579.008	78, 425
2142	950.357	149, 078
2143	879.654	78, 096
2144	456.089	78, 08
2145	980.765	47, 206
2146	745.689	789, 006
2147	789.376	764, 576
2148	796.654	79, 850
2149	687.009	87, 87[illegible]
2150	954.376	95, 008
2151	978.654	83, 083
2152	676.257	89, 175
2153	746.589	698, 765
2154	859.407	524, 689
2155	975.009	47, 007
2156	987.879	9, 76[illegible]
2157	407.854	357, 025
2158	607.456	874, 95
2159	543.807	543, 507
2160	670.407	854, 354
2161	784.321	78, 025
2162	651.476	97, 005
2163	741.007	69, 305
2164	542.805	37, 450
2165	807.904	752, 459

N°			N°			N°			N°		
2166	0, 75425	0, 054	2184	0, 5469	0, 07	2202	6, 47095	0, 579	2220	9, 405	6, 05
2167	0, 4764	0, 897	2185	0, 6458	0, 03	2203	7, 4748	0, 405	2221	9, 605	4, 32
2168	0, 59465	0, 787	2186	0, 405	0, 075	2204	1, 2476	0, 905	2222	5, 008	4, 056
2169	0, 546	0, 27	2187	0, 8357	0, 045	2205	0, 9876	7, 009	2223	9, 565	3, 007
2170	0, 87565	0, 745	2188	0, 03767	0, 024	2206	6, 6546	0, 35	2224	4, 376	2, 95
2171	0, 45549	0, 257	2189	0, 0574	0, 035	2207	0, 6742	0, 75	2225	6, 425	7, 907
2172	0, 7497	0, 275	2190	0, 0173	0, 009	2208	8, 07594	0, 004	2226	5, 4564	9, 875
2173	0, 4896	0, 37	2191	0, 0747	0, 145	2209	9, 7659	0, 837	2227	2, 6789	3, 007
2174	0, 327	0, 46	2192	0, 8759	0, 076	2210	0, 5632	0, 479	2228	5, 6485	8, 405
2175	0, 9764	0, 39	2193	0, 6754	0, 059	2211	6, 86452	0, 6745	2229	8, 4059	6, 75
2176	0, 6546	0, 05	2194	0, 79645	0, 85	2212	5, 4675	0, 0594	2230	4, 8055	4, 975
2177	0, 0475	0, 22	2195	0, 7596	0, 054	2213	0, 0797	9, 4004	2231	7, 5675	3, 764
2178	0, 0767	0, 42	2196	0, 7046	0, 809	2214	7, 3905	0, 907	2232	7, 8475	5, 405
2179	0, 706	0, 89	2197	0, 45654	9, 75	2215	0, 4256	0, 7409	2233	4, 205	9, 7475
2180	0, 809	0, 76	2198	0, 7056	6, 47	2216	9, 205	7, 076	2234	9, 4576	9, 845
2181	0, 37507	0, 054	2199	0, 8407	0, 179	2217	7, 459	6, 27	2235	5, 9745	9, 865
2182	0, 4586	0, 07	2200	0, 3747	4, 495	2218	8, 907	9, 405	2236	5, 6547	8, 795
2183	0, 37465	0, 24	2201	0, 7094	3, 908	2219	5, 045	3, 217	2237	6, 4765	9, 805

N°		
2238	874.354, 754	77, 405
2239	808.954, 305	407, 005
2240	854.856, 369	470, 045
2241	809.746, 704	304, 85
2242	767.814, 405	954, 805
2243	804.950, 075	874, 09
2244	674.850, 075	472, 025
2245	764.205, 456	307, 54
2246	704.805, 456	975, 405
2247	768.217, 05	7, 454
2248	689.424, 760	9, 05
2249	854.379, 007	5, 004
2250	547.485, 927	6, 07
2251	689.689, 975	7, 809
2252	589.770, 054	4, 225
2253	886.489, 009	6, 234
2254	469.871, 072	4, 054
2255	578.859, 239	4, 789
2256	676.276, 285	9, 008
2257	775.354, 05	24, 365
2258	868.479, 079	74, 08
2259	579.745, 089	87, 009
2260	664.746, 079	9, 375
2261	843.874, 076	67, 07
2262	775.374, 745	37, 05
2263	879.476, 875	47, 95
2264	766.879, 345	85, 746
2265	834.654, 095	9, 085
2266	907.904, 005	6, 075
2267	474 605, 085	47, 05
2268	585.467, 057	78, 09
2269	867.980, 076	98, 754
2270	754.768, 976	43, 356
2271	597.607, 08	79, 305
2272	324.752, 079	179, 07
2273	654.898, 076	678, 05
2274	727.485, 807	952, 307
2275	859.854, 356	672, 97
2276	875.937, 475	942, 850
2277	764.562, 080	876, 04
2278	647.952, 807	564, 45
2279	134.853, 805	679, 047
2280	679.405, 907	576, 47
2281	789.876, 975	987, 675
2282	876.407, 095	497, 005
2283	974.354, 02	976, 007
2284	876.365, 407	498, 302
2285	454.857, 007	659, 087
2286	675.489, 097	847, 025
2287	606.405, 454	76, 305
2288	639.746, 074	657, 075
2289	947.875, 079	207, 95
2290	957.429, 705	975, 07
2291	479.834, 704	479, 85

2292	648.745.601	
	474.257	
2293	789.407.672	
	587.648	
2294	658.709.476	
	647.895	
2295	457 465.478	
	459.876	
2296	678.760.407	
	486.079	
2297	786.745.056	
	954.378	
2298	876.540.077	
	458.976	
2299	956.543.576	
	376.894	
2300	786.530.746	
	357.894	
2301	975.432.758	
	976.432	
2302	974.554.987	
	983.254	
2303	659.754.007	
	549.876	
2304	805.045.006	
	936.504	
2305	795.030.407	
	896.007	
2306	416.342.505	
	987.405	
2307	938.321.576	
	458.976	
2308	675.427.833	
	394.756	
2309	476.742.974	
	378.974	
2310	896.302.456	
	943.765	
2311	957.007.428	
	689.073	
2312	857.986.789	
	827.476	
2313	678.098.789	
	795.469	
2314	495.307.429	
	936.704	
2315	758.507.961	
	146.279	
2316	896.307.401	
	829.247	
2317	674.907.461	
	307.824	
2318	856.352 425	
	147.673	
2319	879.421.702	
	376.548	
2320	859.406.305	
	987.654	
2321	845.420.789	
	654.307	
2322	927.340.576	
	754.307	
2323	855.807.607	
	976.856	
2324	974.856.074	
	986.795	
2325	757.489.007	
	900.076	
2326	856.746.834	
	757.976	
2327	879.407.854	
	678.765	
2328	947.906.854	
	745.927	
2329	787.375.634	
	894.757	
2330	695.769.452	
	976.834	
2331	876.454.876	
	695.980	
2332	954.907.089	
	600.789	
2333	875.849.064	
	757.976	
2334	987.453.970	
	645.843	
2335	796.753.769	
	849.584	
2336	687.409.857	
	764.906	
2337	457.907.842	
	796.807	
2338	574.307.450	
	234.825	
2339	856.407.809	
	305.407	
2340	995.296.307	
	487.923	
2341	794.037.254	
	978.476	
2342	759.097.895	
	750.054	
2343	754.827.939	
	477.234	
2344	674.396.856	
	285.679	
2345	574.007.906	
	784.569	

2346	567.948.634.687.954 652.347.986	2364	795.047.968.679.423 907.853.468
2347	764.360.684.650.276 784.009.650	2365	927.607.004.784.980 780.095.634
2348	674.345.850.459.370 974.568.479	2366	475.678.009.456.439 850.097.489
2349	895.432.578.479.676 890.076.354	2367	845.007.482.945.678 908.007 654
2350	459.600.784.364.207 407.600.895	2368	679.800.794.354.027 984.076.403
2351	684.076.450.680.792 975.008.840	2369	674.259.874.758.378 957.000.746
2352	706.004.534.652.894 700.435.809	2370	807.905.425.900.627 900.840.007
2353	976.854.679.456.389 984.007.653	2371	706.845.349.847.607 907.854.356
2354	456.784.007.654.827 976.070.135	2372	478.096.354.269.854 650.047.659
2355	675.074.084.759.847 790.085.276	2373	894.307.449.607.856 785.436.007
2356	875.407.900.876.354 456.008.965	2374	676.328.379.008.874 870.096.450
2357	697.800.795.976.748 690.078.006	2375	975.474.808.437.906 800.957.643
2358	640.078.974.352.679 900.854.703	2376	754.956.879.085.674 754.095.977
2359	170.067.465.839.750 900.807.624	2377	854.570.874.347.654 950.026.374
2360	784.350.076.974.289 870.065.493	2378	654.097.854.054.694 695.407.695
2361	879.453.654.007.987 476.900.854	2379	764.954.290.097.874 907.452.653
2362	805.476.978.432.504 123.987.605	2380	605.607.484.952.357 542.374.750
2363	654.276.327.975.407 900.705.423	2381	854.307.951.874.307 456.962.804

2382 567.809.452.347, 37507
987.006, 435

2383 680.074.325.046, 905
840.076, 7917

2384 407.854.307.406, 92075
978.400, 0036

2385 574.706.754.864, 47567
875.457, 953

2386 476.534.875.042, 9054
900.700, 053

2387 695.407.907.854, 76454
974.006, 8075

2388 875.047.684.354, 456
780.095, 6717

2389 970.047.849.750, 74568
980.076, 475

2390 786.907.640.084, 3405
890.076, 405

2391 875.045.746.075, 7475
987.600, 695

2392 840.764.086.079, 47075
479.873, 52105

2393 974.027.695.924, 0475
970.046, 045

2394 748.007.906.478, 705
845 684, 3795

2395 845.670.048.975, 47625
974.926, 705

2396 697.045.672.483, 5246
984.027, 635

2397 970.456.804.676, 42175
970.084, 302

2398 896.950.076.849, 5425
780.095, 3604

2399 454.608.745.691, 4565
892.007, 035

2400 465.980.076.427, 7356
980.074, 306

2401 987.607.452.827, 9054
984.094, 745

2402 307.896.490.407, 5746
980.074, 45

2403 786.087.407.695, 7954
900.874, 794

2404 607.980.049.764, 3454
980.076, 456

2405 875.407.954.807, 7956
975.674, 78

2406 987.698.346.840, 7465
790.086, 965

2407 654.395.625.746, 4567
987.605, 749

2408 674.407.894.752, 6754
970.067, 846

2409 981.706 854.007, 0854
970.076, 846

2410 754.695.079.454, 6546
980.078, 459

2411 847.009.865.485, 92765
678.009, 6709

2412 674.854.370.087, 954
807.004, 76

2413 957.804.952 007, 4565
874.294, 007

2414 790.845.968.007, 8542
746.005, 345

2415 865.432.534.765, 4325
786.421, 005

2416 895.964.274.654, 8432
796.543. 542

2417 654.321.786.543, 0075
678.425, 008

2418	$\frac{468}{2}$	2433	$\frac{784}{4}$	2448	$\frac{264}{6}$	2463	$\frac{525}{7}$	2478	$\frac{192}{8}$	2493	$\frac{108}{9}$
2419	$\frac{684}{2}$	2434	$\frac{648}{4}$	2449	$\frac{396}{6}$	2464	$\frac{588}{7}$	2479	$\frac{376}{8}$	2494	$\frac{234}{9}$
2420	$\frac{862}{2}$	2435	$\frac{716}{4}$	2450	$\frac{672}{6}$	2465	$\frac{434}{7}$	2480	$\frac{832}{8}$	2495	$\frac{342}{9}$
2421	$\frac{564}{2}$	2436	$\frac{912}{4}$	2451	$\frac{678}{6}$	2466	$\frac{273}{7}$	2481	$\frac{736}{8}$	2496	$\frac{405}{9}$
2422	$\frac{786}{2}$	2437	$\frac{624}{4}$	2452	$\frac{756}{6}$	2467	$\frac{343}{7}$	2482	$\frac{336}{8}$	2497	$\frac{603}{9}$
2423	$\frac{578}{2}$	2438	$\frac{932}{4}$	2453	$\frac{792}{6}$	2468	$\frac{644}{7}$	2483	$\frac{600}{8}$	2498	$\frac{504}{9}$
2424	$\frac{952}{2}$	2439	$\frac{756}{4}$	2454	$\frac{834}{6}$	2469	$\frac{623}{7}$	2484	$\frac{672}{8}$	2499	$\frac{243}{9}$
2425	$\frac{963}{3}$	2440	$\frac{795}{5}$	2455	$\frac{606}{6}$	2470	$\frac{399}{7}$	2485	$\frac{632}{8}$	2500	$\frac{441}{9}$
2426	$\frac{642}{3}$	2441	$\frac{670}{5}$	2456	$\frac{714}{6}$	2471	$\frac{287}{7}$	2486	$\frac{392}{8}$	2501	$\frac{522}{9}$
2427	$\frac{951}{3}$	2442	$\frac{455}{5}$	2457	$\frac{654}{6}$	2472	$\frac{203}{7}$	2487	$\frac{432}{8}$	2502	$\frac{621}{9}$
2428	$\frac{843}{3}$	2443	$\frac{875}{5}$	2458	$\frac{648}{6}$	2473	$\frac{679}{7}$	2488	$\frac{952}{8}$	2503	$\frac{342}{9}$
2429	$\frac{732}{3}$	2444	$\frac{970}{5}$	2459	$\frac{942}{6}$	2474	$\frac{987}{7}$	2489	$\frac{248}{8}$	2504	$\frac{459}{9}$
2430	$\frac{555}{3}$	2445	$\frac{745}{5}$	2460	$\frac{774}{6}$	2475	$\frac{959}{7}$	2490	$\frac{608}{8}$	2505	$\frac{711}{9}$
2431	$\frac{873}{3}$	2446	$\frac{515}{5}$	2461	$\frac{378}{6}$	2476	$\frac{826}{7}$	2491	$\frac{792}{8}$	2506	$\frac{801}{9}$
2432	$\frac{744}{3}$	2447	$\frac{605}{5}$	2462	$\frac{786}{6}$	2477	$\frac{616}{7}$	2492	$\frac{872}{8}$	2507	$\frac{207}{9}$

2508	$\frac{420.472}{2}$	2523	$\frac{435.600}{9}$	2538	$\frac{432.536}{8}$	2553	$\frac{478.919}{7}$
2509	$\frac{564.321}{3}$	2524	$\frac{540.026}{2}$	2539	$\frac{405.252}{9}$	2554	$\frac{650.016}{8}$
2510	$\frac{789.016}{4}$	2525	$\frac{644.013}{3}$	2540	$\frac{344.688}{2}$	2555	$\frac{450.009}{9}$
2511	$\frac{407.630}{5}$	2526	$\frac{708.024}{4}$	2541	$\frac{478.353}{3}$	2556	$\frac{807.402}{2}$
2512	$\frac{426.432}{6}$	2527	$\frac{400.055}{5}$	2542	$\frac{107.424}{4}$	2557	$\frac{540.021}{3}$
2513	$\frac{943.873}{7}$	2528	$\frac{333.006}{6}$	2543	$\frac{756.785}{5}$	2558	$\frac{674.108}{4}$
2514	$\frac{694.120}{8}$	2529	$\frac{842.051}{7}$	2544	$\frac{981.006}{6}$	2559	$\frac{470.025}{5}$
2515	$\frac{342.009}{9}$	2530	$\frac{452.616}{8}$	2545	$\frac{453.607}{7}$	2560	$\frac{750.042}{6}$
2516	$\frac{467.112}{2}$	2531	$\frac{870.120}{9}$	2546	$\frac{743.968}{8}$	2561	$\frac{894.509}{7}$
2517	$\frac{824.610}{3}$	2532	$\frac{452.002}{2}$	2547	$\frac{272.268}{9}$	2562	$\frac{870.008}{8}$
2518	$\frac{879.420}{4}$	2533	$\frac{746.784}{3}$	2548	$\frac{400.608}{2}$	2563	$\frac{456.309}{9}$
2519	$\frac{796.425}{5}$	2534	$\frac{540.764}{4}$	2549	$\frac{600.702}{3}$	2564	$\frac{874.224}{4}$
2520	$\frac{492.630}{6}$	2535	$\frac{654.025}{5}$	2550	$\frac{421.036}{4}$	2565	$\frac{630.021}{7}$
2521	$\frac{853.258}{7}$	2536	$\frac{479.040}{6}$	2551	$\frac{604.430}{5}$	2566	$\frac{543.728}{8}$
2522	$\frac{169.400}{8}$	2537	$\frac{751.002}{7}$	2552	$\frac{347.832}{6}$	2567	$\frac{459.675}{9}$

N°	Dividende	Diviseur	N°	Dividende	Diviseur	N°	Dividende	Diviseur
2568	456.789.604	2	2583	405.063.126	1	2598	347.605 112	8
2569	450.063.003	3	2584	476.007.850	2	2599	479.841.111	9
2570	740.067.812	4	2585	651.006.459	3	2600	476.534.852	2
2571	567.878.405	5	2586	876.407.044	4	2601	746.843.409	3
2572	342.144.402	6	2587	796.460.785	5	2602	476.420.016	4
2573	814.756.894	7	2588	741.045.024	6	2603	607.008.490	5
2574	435.607.032	8	2589	345.678.074	7	2604	374.000.100	6
2575	891.036.144	9	2590	654.327.816	8	2605	741.107.808	7
2576	406.784.024	2	2591	400.200.300	9	2606	456.904.112	8
2577	640.233.405	3	2592	234.567.890	2	2607	741.018.207	9
2578	674.806.496	4	2593	764.685.801	3	2608	746.784.320	5
2579	746.805.605	5	2594	954.267.848	4	2609	402.084.006	6
2580	678.472.302	6	2595	685.807.905	5	2610	456.843.765	7
2581	745.607.807	7	2596	421.780.074	6	2611	454.207.808	8
2582	567.845.608	8	2597	945.600.789	7	2612	450.093.024	9

2613	$\frac{354}{11}$	2628	$\frac{243}{18}$	2643	$\frac{354}{26}$	2658	$\frac{407}{34}$	2673	$\frac{746}{42}$	2688	$\frac{452}{48}$
2614	$\frac{405}{11}$	2629	$\frac{209}{19}$	2644	$\frac{176}{26}$	2659	$\frac{852}{35}$	2674	$\frac{601}{42}$	2689	$\frac{405}{49}$
2615	$\frac{207}{12}$	2630	$\frac{456}{19}$	2645	$\frac{769}{27}$	2660	$\frac{654}{35}$	2675	$\frac{376}{43}$	2690	$\frac{239}{49}$
2616	$\frac{407}{12}$	2631	$\frac{217}{20}$	2646	$\frac{909}{27}$	2661	$\frac{307}{36}$	2676	$\frac{201}{43}$	2691	$\frac{804}{49}$
2617	$\frac{174}{13}$	2632	$\frac{549}{20}$	2647	$\frac{404}{28}$	2662	$\frac{207}{36}$	2677	$\frac{405}{44}$	2692	$\frac{999}{49}$
2618	$\frac{274}{13}$	2633	$\frac{376}{21}$	2648	$\frac{197}{28}$	2663	$\frac{545}{37}$	2678	$\frac{898}{44}$	2693	$\frac{754}{50}$
2619	$\frac{856}{14}$	2634	$\frac{654}{21}$	2649	$\frac{207}{29}$	2664	$\frac{629}{37}$	2679	$\frac{908}{45}$	2694	$\frac{854}{50}$
2620	$\frac{984}{14}$	2635	$\frac{474}{22}$	2650	$\frac{301}{29}$	2665	$\frac{405}{38}$	2680	$\frac{378}{45}$	2695	$\frac{970}{50}$
2621	$\frac{205}{15}$	2636	$\frac{694}{22}$	2651	$\frac{761}{30}$	2666	$\frac{343}{38}$	2681	$\frac{426}{46}$	2696	$\frac{754}{51}$
2622	$\frac{345}{15}$	2637	$\frac{493}{23}$	2652	$\frac{454}{30}$	2667	$\frac{954}{39}$	2682	$\frac{990}{46}$	2697	$\frac{891}{51}$
2623	$\frac{456}{16}$	2638	$\frac{895}{23}$	2653	$\frac{197}{31}$	2668	$\frac{452}{39}$	2683	$\frac{276}{47}$	2698	$\frac{898}{52}$
2624	$\frac{764}{16}$	2639	$\frac{745}{24}$	2654	$\frac{285}{31}$	2669	$\frac{840}{40}$	2684	$\frac{579}{47}$	2699	$\frac{964}{53}$
2625	$\frac{804}{17}$	2640	$\frac{606}{24}$	2655	$\frac{725}{32}$	2670	$\frac{640}{40}$	2685	$\frac{824}{48}$	2700	$\frac{875}{53}$
2626	$\frac{652}{17}$	2641	$\frac{542}{25}$	2656	$\frac{425}{33}$	2671	$\frac{321}{41}$	2686	$\frac{904}{48}$	2701	$\frac{975}{54}$
2627	$\frac{194}{18}$	2642	$\frac{780}{25}$	2657	$\frac{205}{34}$	2672	$\frac{719}{41}$	2687	$\frac{804}{48}$	2702	$\frac{598}{55}$

2703	874.187	11	2718	793.751	26	2733	678.541	41	2748	756.000	56
2704	543.288	12	2719	653.901	27	2734	458.715	42	2749	858.415	57
2705	850.351	13	2720	434.741	28	2735	659.415	43	2750	961.410	58
2706	609.420	14	2721	704.900	29	2736	379.600	44	2751	867.010	59
2707	453.525	15	2722	954.999	30	2737	409.999	45	2752	876.701	60
2708	875.656	16	2723	875.405	31	2738	710.756	46	2753	984.824	61
2709	905.765	17	2724	985.784	32	2739	611.276	47	2754	787.576	62
2710	654.882	18	2725	805.909	33	2740	823.507	48	2755	489.217	63
2711	263.950	19	2726	706.425	34	2741	925.404	49	2756	594.115	64
2712	405.680	20	2727	476.376	35	2742	432.605	50	2757	699.999	65
2713	471.020	21	2728	847.216	36	2743	635.701	51	2758	715.840	66
2714	901.540	22	2729	957.517	37	2744	739.401	52	2759	750.010	67
2715	652.547	23	2730	487.804	38	2745	845.001	53	2760	840.025	68
2716	452.764	24	2731	897.901	39	2746	549.800	54	2761	230.415	69
2717	743.240	25	2732	497.999	40	2747	654.217	55	2762	345.011	70

N°	Division	N°	Division	N°	Division	N°	Division
2763	$\frac{401.810}{71}$	2778	$\frac{576.477}{86}$	2793	$\frac{704.538}{17}$	2808	$\frac{943.873}{77}$
2764	$\frac{500.010}{72}$	2779	$\frac{700\ 804}{87}$	2794	$\frac{609.045}{24}$	2809	$\frac{694.120}{68}$
2765	$\frac{675.028}{73}$	2780	$\frac{576.477}{88}$	2795	$\frac{800.715}{35}$	2810	$\frac{342.009}{89}$
2766	$\frac{900.457}{74}$	2781	$\frac{934.376}{89}$	2796	$\frac{125.437}{46}$	2811	$\frac{407.112}{58}$
2767	$\frac{754.807}{75}$	2782	$\frac{456\ 029}{90}$	2797	$\frac{470.901}{54}$	2812	$\frac{724.680}{79}$
2768	$\frac{430.074}{76}$	2783	$\frac{297.049}{91}$	2798	$\frac{540.072}{69}$	2813	$\frac{943.274}{62}$
2769	$\frac{704.076}{77}$	2784	$\frac{875.807}{92}$	2799	$\frac{907.043}{73}$	2814	$\frac{564.345}{43}$
2770	$\frac{605.407}{78}$	2785	$\frac{977.046}{93}$	2800	$\frac{607.006}{79}$	2815	$\frac{879.420}{64}$
2771	$\frac{806.452}{79}$	2786	$\frac{872.002}{94}$	2801	$\frac{790.078}{84}$	2816	$\frac{796.425}{75}$
2772	$\frac{769.407}{80}$	2787	$\frac{743.905}{95}$	2802	$\frac{695.425}{97}$	2817	$\frac{492.630}{66}$
2773	$\frac{604.905}{81}$	2788	$\frac{674.246}{96}$	2803	$\frac{420.714}{52}$	2818	$\frac{843.255}{87}$
2774	$\frac{384.257}{82}$	2789	$\frac{407.823}{97}$	2804	$\frac{564.321}{37}$	2819	$\frac{169.400}{78}$
2775	$\frac{897.954}{83}$	2790	$\frac{801.456}{98}$	2805	$\frac{789\ 016}{84}$	2820	$\frac{435.600}{59}$
2776	$\frac{257.829}{84}$	2791	$\frac{305.423}{99}$	2806	$\frac{407.630}{95}$	2821	$\frac{457.812}{45}$
2777	$\frac{306.404}{85}$	2792	$\frac{907.405}{57}$	2807	$\frac{426.432}{67}$	2822	$\frac{345.895}{85}$

N°	Division	N°	Division	N°	Division
2823	475.450.840 / 11	2838	755.432.679 / 26	2853	936.070.045 / 41
2824	768.041.374 / 12	2839	814.301.654 / 27	2854	648.678.534 / 42
2825	471.104.074 / 13	2840	971.703.850 / 28	2855	822.079.809 / 43
2826	607.240.879 / 14	2841	847.400.590 / 29	2856	843.557.907 / 44
2827	409.465.837 / 15	2842	472.437.001 / 30	2857	797.079.028 / 45
2828	742.101.407 / 16	2843	939.001.405 / 31	2858	810.676.427 / 46
2829	407.695.839 / 17	2844	465.746.803 / 32	2859	957.435.876 / 47
2830	849.907.432 / 18	2845	758.343.205 / 33	2860	487.424.807 / 48
2831	651.201.001 / 19	2846	671.457.604 / 34	2861	633.576.807 / 49
2832	476.958.421 / 20	2847	897.435.804 / 35	2862	776.446.898 / 50
2833	374.007.096 / 21	2848	714.501.781 / 36	2863	454.654.807 / 51
2834	849.003.004 / 22	2849	684.250.079 / 37	2864	897.964.807 / 52
2835	971.400.520 / 23	2850	545.654.087 / 38	2865	943.079.045 / 53
2836	456.742.870 / 24	2851	418.357.090 / 39	2866	795.900.876 / 54
2837	849.907.432 / 25	2852	795.010.544 / 40	2867	814.355.877 / 55

N°	Dividende	Diviseur	N°	Dividende	Diviseur	N°	Dividende	Diviseur
2868	949.505.670	56	2883	360.417.875	71	2898	701.070.070	86
2869	775.865.475	57	2884	774.987.652	72	2899	400.784.691	87
2870	894.876.415	58	2885	307.904.287	73	2900	487.807 321	88
2871	743.239.021	59	2886	160.801.431	74	2901	174.749.854	89
2872	674.239.021	60	2887	601.476.801	75	2902	791.078.984	90
2873	717.401.895	61	2888	207.405.807	76	2903	479.783.921	91
2874	116.418.209	62	2889	896.047.040	77	2904	431.651.423	92
2875	442.372.407	63	2890	187.208.147	78	2905	810.784.769	93
2876	659.416.507	64	2891	804.450.902	79	2906	947.654.301	94
2877	790.845.884	65	2892	347.263.807	80	2907	748.354.278	95
2878	405.674.802	66	2893	574.375.804	81	2908	107.405.007	96
2879	107.505.673	67	2894	142.000.071	82	2909	450.089.077	97
2880	590.406.807	68	2895	763.432.876	83	2910	546.874.301	98
2881	808.904.706	69	2896	952.654.028	84	2911	907.941.561	99
2882	107.405.873	70	2897	649.807.423	85	2912	427.850.017	99

2913	474.050	470	2928	452.827	304	2943	236.478	247	2958	395.736	143
2914	870.047	245	2929	654.034	897	2944	452.870	642	2959	679.742	543
2915	654.207	147	2930	301.654	245	2945	572.070	432	2960	678 754	290
2916	984.805	207	2931	907.850	307	2946	676.424	346	2961	479.769	419
2917	832.405	115	2932	450.076	892	2947	954.670	654	2962	897.987	517
2918	574.604	341	2933	512.904	761	2948	908.405	607	2963	875.756	174
2919	976.804	576	2934	920.040	274	2949	454.026	247	2964	904.868	207
2920	475.007	387	2935	576.452	384	2950	609.805	795	2965	657.476	794
2921	805.940	276	2936	607.890	955	2951	504.807	605	2966	457.684	850
2922	800.010	441	2937	764.805	359	2952	430.020	729	2967	842.196	374
2923	307.401	109	2938	975.450	970	2953	743.724	342	2968	767.765	451
2924	506.825	375	2939	807.405	709	2954	624.746	447	2969	896.875	675
2925	375.407	289	2940	389.807	778	2955	946.762	175	2970	497.680	290
2926	820.706	189	2941	343.507	246	2956	874.984	789	2971	845.790	475
2927	546.079	345	2942	576.403	876	2957	784.198	346	2972	845.495	849

2973	$\frac{654.327}{147}$	2988	$\frac{542.659}{454}$	3003	$\frac{870.470}{857}$	3018	$\frac{750.079}{652}$
2974	$\frac{457.207}{307}$	2989	$\frac{874.574}{791}$	3004	$\frac{845.872}{948}$	3019	$\frac{749.076}{954}$
2975	$\frac{342.364}{915}$	2990	$\frac{576.454}{807}$	3005	$\frac{453.970}{254}$	3020	$\frac{459.065}{774}$
2976	$\frac{456.378}{827}$	2991	$\frac{808.764}{304}$	3006	$\frac{470.878}{548}$	3021	$\frac{646.842}{356}$
2977	$\frac{346.518}{954}$	2992	$\frac{254.852}{254}$	3007	$\frac{804.750}{907}$	3022	$\frac{653.405}{478}$
2978	$\frac{574.347}{634}$	2993	$\frac{456.879}{854}$	3008	$\frac{765.484}{654}$	3023	$\frac{739.874}{819}$
2979	$\frac{846.518}{854}$	2994	$\frac{400.674}{376}$	3009	$\frac{784.652}{922}$	3024	$\frac{679.745}{456}$
2980	$\frac{454.307}{827}$	2995	$\frac{807.456}{556}$	3010	$\frac{605.078}{254}$	3025	$\frac{674.822}{456}$
2981	$\frac{809.456}{942}$	2996	$\frac{456.872}{867}$	3011	$\frac{452.878}{374}$	3026	$\frac{605.427}{742}$
2982	$\frac{877.454}{754}$	2997	$\frac{976.450}{749}$	3012	$\frac{653.818}{874}$	3027	$\frac{604.825}{617}$
2983	$\frac{607.854}{827}$	2998	$\frac{759.807}{694}$	3013	$\frac{618.654}{854}$	3028	$\frac{605.207}{789}$
2984	$\frac{546.854}{974}$	2999	$\frac{406.905}{709}$	3014	$\frac{829.742}{764}$	3029	$\frac{743.825}{379}$
2985	$\frac{654.827}{835}$	3000	$\frac{650.017}{456}$	3015	$\frac{650.112}{754}$	3030	$\frac{437.978}{879}$
2986	$\frac{954.827}{215}$	3001	$\frac{456.872}{907}$	3016	$\frac{745.650}{674}$	3031	$\frac{608.849}{347}$
2987	$\frac{454.544}{705}$	3002	$\frac{976.450}{749}$	3017	$\frac{840.742}{842}$	3032	$\frac{859.049}{847}$

N°	Division	N°	Division	N°	Division
3033	754.754 301 / 247	3048	478.645.684 / 974	3063	574.654.87[illegible] / 617
3034	697.941.674 / 305	3049	673.568.004 / 749	3064	376.457.087 / 452
3035	178.935.421 / 247	3050	394.756.809 / 749	3065	167.047.096 / 296
3036	749.834.596 / 453	3051	785.374.098 / 829	3066	757.807.953 / 196
3037	351.978.432 / 658	3052	947.450.207 / 345	3067	946.870.075 / 279
3038	285.678.943 / 309	3053	525.000.407 / 754	3068	847.695.876 / 341
3039	758.754.963 / 754	3054	649.607.805 / 795	3069	434.079.081 / 576
3040	679.748.570 / 504	3055	517.486.809 / 621	3070	679.596.891 / 876
3041	794.325.069 / 895	3056	647.975.004 / 796	3071	162.457.830 / 294
3042	759.435.069 / 495	3057	754.827.905 / 497	3072	954 761.827 / 684
3043	459.457.853 / 704	3058	654.652.217 / 872	3073	801.970.007 / 971
3044	694.765.349 / 807	3059	929.452.907 / 347	3074	706.594.876 / 337
3045	49[illegible] 765.407 / 607	3060	574.085.079 / 759	3075	807.436.587 / 659
3046	373.765.0[illegible]7 / 405	3061	887.089.009 / 346	3076	504.876.554 / 896
3047	594.765.072 / 807	3062	465.027.897 / 534	3077	672.507.804 / 207

N°	Dividende	Diviseur	N°	Dividende	Diviseur	N°	Dividende	Diviseur
3078	454.827.001	542	3093	224.853.907	479	3108	547.084.372	976
3079	874.256.084	647	3094	675.423.804	779	3109	479.875.452	796
3080	749.657.822	345	3095	347.658.432	641	3110	407.524.230	798
3081	634.002.546	745	3096	785.008.407	347	3111	827.453.571	197
3082	397.458.701	499	3097	943.217.875	476	3112	947.807.906	898
3083	987.698.475	747	3098	746.008.974	795	3113	457.009.840	742
3084	643.021.007	457	3099	987.745.878	749	3114	540.072.805	575
3085	907.009.471	742	3100	430.097.280	476	3115	984.376.091	394
3086	305.427.854	207	3101	876.495.688	677	3116	254.856.763	475
3087	542.324.529	674	3102	475.827.930	390	3117	305.700.905	427
3088	475.835.402	897	3103	347.006.921	845	3118	970.647.873	998
3089	947.844.542	679	3104	407.006.864	405	3119	176.870.009	497
3090	453.873.201	542	3105	740.080.008	540	3120	434.827.098	496
3091	894.273.455	798	3106	247.872.010	794	3121	784.256.852	746
3092	940.078.009	579	3107	942.357.460	875	3122	670.076.407	857

N°	Dividende	Diviseur	N°	Dividende	Diviseur	N°	Dividende	Diviseur
3123	745.401.807	201	3138	456.305.491	457	3153	764.832.907	415
3124	496.807.904	357	3139	607.324.087	579	3154	607.451.960	876
3125	547.076.974	144	3140	357.429.830	245	3155	745.653.842	977
3126	596.807.904	678	3141	650.027.701	987	3156	654.374.856	429
3127	745.864.370	198	3142	345.676.407	287	3157	376.496.908	245
3128	740.876.451	954	3143	675.451.007	379	3158	300.457.089	897
3129	594.870.676	369	3144	809.596.433	876	3159	543.087.341	576
3130	104.856.009	595	3145	753.450.076	754	3160	176.048.276	379
3131	397.450.096	279	3146	429.376.407	347	3161	534.875.706	676
3132	547.607.007	457	3147	576.827.452	634	3162	567.805.974	347
3133	674.320.134	157	3148	835.079.453	744	3163	976.854.079	496
3134	746.369.804	796	3149	652.025.044	297	3164	679.854.374	447
3135	564.600.070	596	3150	654.307.854	387	3165	987.697.004	576
3136	600.724.375	375	3151	907.454.263	395	3166	546.894.325	470
3137	794.827.954	547	3152	504.009.475	465	3167	746.876.381	279

N°	Dividende	Diviseur	N°	Dividende	Diviseur	N°	Dividende	Diviseur
3168	584.740.251	4.376	3183	574.207.824	3.129	3198	374.837.409	4.057
3169	674.237.452	8.907	3184	307.453.899	9.765	3199	787.824.300	2.197
3170	543.897.905	6.407	3185	542.396.987	6.430	3200	547.927.652	8.432
3171	743.217.908	3.427	3186	197.807.098	9.408	3201	234.827.206	1.047
3172	824.376.937	4.784	3187	453.837.954	6.534	3202	764.106.347	5.943
3173	653.476.285	8.749	3188	372.820.073	9.526	3203	541.224.807	6.481
3174	578.432.572	4.086	3189	579.400.047	4.350	3204	684.124.206	5.398
3175	840.076.974	1.075	3190	898.754.321	9.784	3205	541.307.650	4.765
3176	674.834.205	7.970	3191	797.029.345	1.976	3206	984.356.401	2.034
3177	574.834.207	6.954	3192	674.895.745	3.427	3207	673.454.807	7.964
3178	543.207.509	4.987	3193	471.940.815	4.110	3208	470.075.334	8.107
3179	607.472.829	3.705	3194	279.745.089	5.401	3209	879.471.076	6.297
3180	743.207.008	2.075	3195	907.008.752	1.941	3210	105.307.450	2.471
3181	456.824.397	1.987	3196	974.875.745	2.476	3211	807.007.927	9.067
3182	100.047.871	2.007	3197	753.808.205	6.194	3212	456.374.204	5.769

N°	Dividende	Diviseur
3213	478.354.876	3.984
3214	407.854.274	1.749
3215	605.704.650	9.485
3216	742.960.854	9.765
32[illegible]	745.804.907	4.509
3218	674.075.847	2.471
3219	976.425.654	3.426
3220	746.870.049	1.985
3221	425.785.049	7.495
3222	787.405.654	9.876
3223	470.875.984	9.857
3224	565.043.871	2.145
3225	437.658.470	7.407
3226	748.974.854	5.485
3227	876.432.574	1.784
3228	748.757.432	2.796
3229	846.546.987	2.797
3230	845.053.027	4.854
3231	176.485.652	9.876
3232	745.905.824	4.257
3233	748.427.960	9.876
3234	476.845.904	1.654
3235	741.015.748	3.476
3236	746.874.907	2.452
3237	875.454.807	2.759
3238	174.874.954	7.429
3239	307.452.805	8.745
3240	607.049.457	7.945
3241	650.174.850	1.794
3242	746.854.954	2.975
3243	984.654.972	2.474
3244	746.087.457	1.987
3245	453.347.907	2.794
3246	746.800.079	1.874
3247	453.087.674	5.987
3248	787.654.927	4.789
3249	674.857.904	7.464
3250	874.642.874	1.743
3251	874.953.654	1.798
3252	976.850.017	7.456
3253	546.874.957	2.987
3254	674.852.977	3.478
3255	174.854.957	4.789
3256	746.974.854	9.894
3257	678.907.854	9.875

N°	Dividende	Diviseur
3258	542.875.576	2.195
3259	347.042.671	7.421
3260	234.025.607	2.897
3261	742.525.834	1.456
3262	724.905.601	7.423
3263	894.078.456	3.748
3264	279.176.406	7.426
3265	374.089.453	2.989
3266	864.826.204	1.347
3267	904.087.605	2.984
3268	741.233.479	4.875
3269	799.354.827	8.421
3270	276.484.832	3.476
3271	476.807.452	1.627
3272	676.804.215	9.476
3273	429.345.371	9.876
3274	897.240.087	2.407
3275	500.109.729	6.079
3276	420.121.376	3.196
3277	970.230.510	2.798
3278	670.421.789	2.340
3279	341.375.654	1.586
3280	874.337.452	2.653
3281	824.937.450	1.453
3282	605.907.079	2.986
3283	761.045.817	2.352
3284	452.674.213	5.854
3285	176.407.874	7.406
3286	216.115.076	8.234
3287	827.904.307	5.632
3288	846.070.870	8.090
3289	541.287.834	1.741
3290	742.676.207	2.694
3291	454.237.889	7.894
3292	904.007.869	2.747
3293	345.655.835	4.567
3294	709.478.927	9.079
3295	977.045.874	2.345
3296	294.076.927	7.609
3297	746.824.035	6.941
3298	560.076.927	2.475
3299	971.087.450	3.074
3300	346.074.837	1.074
3301	816.452.907	3.456
3302	940.417.807	2.955

N°	Dividende	Diviseur
3303	374.850.076	4.756
3304	745.674.854	8.790
3305	307.459.543	9.074
3306	976.456.807	6.542
3307	174.800.976	1.009
3308	542.784.372	8.074
3309	417.654.876	9.072
3310	917.454.826	6.485
3311	954.267.007	6.075
3312	652.475.856	7.845
3313	407.976.077	4.095
3314	895.405.974	8.495
3315	854.276.097	7.007
3316	907.417.850	9.012
3317	170.079.450	4.560
3318	370.450.085	7.643
3319	900.075.456	3.217
3320	845.901.654	8.429
3321	650.074.605	6.541
3322	456.007.674	7.654
3323	176.847.954	7.817
3324	674.397.907	9.402
3325	654.800.077	7.045
3326	654.207.856	6.045
3327	964.857.754	8.794
3328	396.466.907	8.742
3329	854.943.857	7.654
3330	790.078.456	2.347
3331	927.084.874	6.701
3332	316.405.654	1.435
3333	749.854.673	8.174
3334	907.470.078	2.541
3335	653.070.089	6.097
3336	600.741.907	8.456
3337	654.834.907	9.764
3338	487.094.070	6.075
3339	849.764.650	7.815
3340	701.874.417	1.011
3341	237.467.897	6.074
3342	376.845.650	6.804
3343	794.854.376	4.561
3344	674.300.079	7.601
3345	230.456.876	8.741
3346	193.456.907	1.710
3347	347.605.854	8.479

N°	Dividende	Diviseur	N°	Dividende	Diviseur	N°	Dividende	Diviseur
3348	606.405.894	4.706	3363	723.904.235	1.079	3378	746.078.054	7.801
3349	805.423.135	4.689	3364	625.478.350	1.984	3379	902.745.654	8.425
3350	100.402.345	7.154	3365	700.120.320	2.974	3380	801.342.513	6.741
3351	635.426.976	8.941	3366	407.001.234	6.971	3381	741.231.074	8.421
3352	470.046.874	7.654	3367	560.079.076	2.769	3382	604.653.752	8.423
3353	743.257.834	3.746	3368	179.807.450	3.709	3383	674.256.807	3.471
3354	560.079.452	8.974	3369	340.058.952	4.985	3384	243.072.654	7.981
3355	375.674.859	3.746	3370	245.654.763	3.781	3385	741.354.652	8.741
3356	745.678.432	8.475	3371	245.068.095	4.794	3386	652.334.225	7.601
3357	765.876.342	9.874	3372	217.654.815	8.764	3387	504.224.012	7.654
3358	359.879.405	6.984	3373	245.072.432	6.541	3388	345.079.084	8.792
3359	475.875.467	7.654	3374	247.610.023	9.765	3389	674.079.049	8.109
3360	907.880.077	9.784	3375	402.356.210	8.107	3390	894.007.965	1.765
3361	617.223.423	1.875	3376	624.123.032	4.235	3391	654.006.795	9.871
3362	792.678.432	4.781	3377	547.607.432	4.706	3392	670.074.027	3.799

N°	Dividende	Diviseur
3393	407.884.257	47.679
3394	600.457.824	67 453
3395	874.253.007	47.076
3396	647.024.790	87.834
3397	574.347.018	27.402
3398	545.885.754	17.383
3399	245.627.964	45.972
3400	765.405.864	60.852
3401	364.546.207	74.835
3402	896.364.207	25.649
3403	432.804.925	30.795
3404	564.296.804	64.785
3405	976.654.821	27.401
3406	674.827.504	82.609
3407	724.008.057	21.249
3408	574.089.572	13.427
3409	101.234.825	24.507
3410	741.020.070	41.976
3411	428.673.451	54.607
3412	705.906.408	19.854
3413	680.007.901	45.691
3414	376.087.074	20.045
3415	746.847.901	59.807
3416	107.452.864	46.752
3417	670.047.051	94.364
3418	976.084.854	54.976
3419	480.305.427	67.198
3420	540.622.007	44.507
3421	197.436.526	57.742
3422	654.843.246	24.839
3423	456.087.654	75.979
3424	864.207.450	79.672
3425	765.846.907	29.674
3426	746.852.925	37.654
3427	879.453.827	46.953
3428	784.209.781	87.768
3429	600.748.140	19.875
3430	475.028.375	29.896
3431	487.954.267	37.409
3432	805.643.215	60.798
3433	456.976.407	19.876
3434	806.407.374	34.987
3435	843.576.841	87.984
3436	647.854.078	65.924
3437	487.975.482	67.819

N°	Dividende	Diviseur
3438	4.765.845.375	149.807
3439	7.432.017.854	197.685
3440	5.421.876.907	198.489
3441	7.485.689.704	198.345
3442	1.107.405.079	189.345
3443	5.748.056.769	297.097
3444	4.427.807.954	987.064
3445	8.470.364.076	289.049
3446	5.432.578.076	297.845
3447	5.742.874.075	789.245
3448	6.846.007.597	984.206
3449	4.127.075.804	877.484
3450	5.406.875.684	198.079
3451	6.749.854.567	478.075
3452	9.007.452.805	987.026
3453	7.456.842.076	450.368
3454	8.743.201.006	437.208
3455	5.421.814.354	789.079
3456	6.874.674.489	145.890
3457	4.245.873.901	947.684
3458	8.461.704.656	252.674
3459	5.340.007.453	986.364
3460	6.780.400.791	677.400
3461	8.456.074.464	194.687
3462	3.456.078.041	487.854
3463	3.456.007.326	769.475
3464	9.475.809.007	479.834
3465	6.743.463.875	184.962
3466	1.467.684.607	472.624
3467	7.437.654.827	249.744
3468	7.464.804.605	296.489
3469	1.700.095.084	346.845
3470	7.465.829.434	247.674
3471	9.467.807.008	374.817
3472	4.764.822.400	764.604
3473	4.684.767.484	896.748
3474	6.748.950.076	978.484
3475	8.456.097.456	374.807
3476	7.456.874.379	204.542
3477	6.454.570.049	753.947
3478	7.420.746.008	279.446
3479	8.435.720.841	196.954
3480	6.347.972.850	894.205
3481	9.457.421.824	746.894
3482	3.959.426.831	694.076

N°	Dividende	Diviseur	N°	Dividende	Diviseur	N°	Dividende	Diviseur	N°	Dividende	Diviseur
3483	29, 45	2	3498	416, 70	25	3513	716, 451	434	3528	765, 50	849
3484	76, 04	8	3499	744, 12	45	3514	405, 459	245	3529	653, 075	746
3485	89, 026	14	3500	635, 85	75	3515	607, 88	550	3530	874, 05	978
3486	74, 205	25	3501	846, 90	60	3516	909, 54	670	3531	347, 854	349
3487	45, 255	15	3502	365, 76	36	3517	357, 42	480	3532	967, 85	796
3488	76, 755	20	3503	487, 90	85	3518	678, 0174	375	3533	472, 307	245
3489	84, 015	30	3504	746, 82	90	3519	745, 801	754	3534	463, 207	479
3490	195, 3	45	3505	674, 91	18	3520	754, 290	275	3535	670, 905	217
3491	74, 256	7	3506	974, 64	80	3521	576, 270	745	3536	207, 406	974
3492	87, 017	50	3507	873, 45	72	3522	945, 004	376	3537	405, 07	197
3493	175, 017	5	3508	952, 85	50	3523	415, 02	719	3538	405, 24	425
3494	247, 40	8	3509	875, 76	75	3524	975, 05	825	3539	357, 405	473
3495	307, 50	12	3510	647, 96	32	3525	201, 350	455	3540	210, 054	745
3496	452, 178	9	3511	896, 85	80	3526	905, 025	795	3541	405, 853	549
3497	550, 85	40	3512	787, 77	48	3527	940, 01	799	3542	807, 025	986

 (Calculez le quotient avec 6 décimales.)

N°	Dividende	Diviseur	N°	Dividende	Diviseur	N°	Dividende	Diviseur	N°	Dividende	Diviseur
3543	25	0, 5	3558	123	1, 20	3573	8.945	76, 805	3588	379.745	395, 14
3544	32	0, 4	3559	542	2, 5	3574	9.764	32, 005	3589	924.807	79, 305
3545	60	0, 08	3560	654	3, 20	3575	4.207	56, 405	3590	674.234	179, 45
3546	144	0, 36	3561	375	4, 80	3576	7.304	23, 25	3591	895.476	547, 085
3547	216	0, 03	3562	454	6, 40	3577	4.274	72, 72	3592	945.640	275, 84
3548	525	0, 015	3563	643	1, 60	3578	57.669	175, 25	3593	847.652	297, 45
3549	648	0, 009	3564	576	7, 50	3579	24.374	75, 18	3594	784.635	417, 075
3550	630	0, 007	3565	747	4, 5	3580	57.415	89, 95	3595	843.635	217, 407
3551	672	0, 0012	3566	694	3, 20	3581	74.249	76, 87	3596	254.079	745, 27
3552	28.800	0, 024	3567	747	4, 80	3582	34.276	59, 205	3597	43.824	217, 45
3553	1 280	0, 32	3568	875	2, 5	3583	29.754	395, 125	3598	7.907.005	4.507,005
3554	10.272	0, 0428	3569	945	4, 5	3584	76.205	405, 25	3599	8.452.907	304, 256
3555	1.010	0, 025	3570	795	9, 60	3585	40.345	927, 75	3600	6.472.084	397, 075
3556	522	0, 016	3571	873	4, 50	3586	73.284	397, 25	3601	4.205.684	987, 675
3557	2.873	0, 25	3572	915	9, 60	3587	47.604	757, 76	3602	7.450.854	4.761, 25

N°	Dividende	Diviseur	N°	Dividende	Diviseur	N°	Dividende	Diviseur	N°	Dividende	Diviseur
3603	0, 24	0, 24	3618	0, 70	0, 140	3633	0, 0004	0, 04	3648	0, 00015	1, 15
3604	0, 24	0, 024	3619	0, 3954	0, 25	3634	0, 007	0, 0007	3649	0, 025	7, 009
3605	0, 175	0, 5	3620	0, 7155	0, 5	3635	0, 0025	0, 25	3650	0, 723	9, 3124
3606	0, 56	0, 14	3621	0, 795	0, 25	3636	0, 0032	0, 032	3651	0, 5374	2, 819
3607	0, 14	0, 56	3622	0, 738	0, 018	3637	0, 175	0, 0175	3652	0, 7524	4, 0072
3608	0, 16	0, 4	3623	0, 4710	0, 25	3638	0, 0272	0, 08	3653	9, 421	9, 421
3609	0, 5	0, 25	3624	0, 3754	0, 032	3639	0, 0874	0, 005	3654	7, 2465	6
3610	0, 70	0, 10	3625	0, 3217	0, 740	3640	0, 0075	0, 12	3655	8, 1275	0, 4
3611	0, 12	0, 60	3626	0, 5742	0, 7526	3641	0, 0025	0, 14	3656	12, 171	7, 11
3612	0, 10	0, 1	3627	0, 541	0, 762	3642	0, 80542	0, 08	3657	70, 257	7, 9
3613	0, 315	0, 015	3628	0, 3251	0, 437	3643	7, 4572	0, 002	3658	34, 1605	16, 7
3614	0, 125	0, 25	3629	0, 5655	0, 756	3644	6, 07005	0, 0003	3659	47, 1154	9, 007
3615	0, 54	0, 75	3630	0, 4	0, 2107	3645	5, 2474	0, 72	3660	16, 017	8, 05
3616	0, 475	0, 25	3631	0, 9	0, 105	3646	4, 7054	0, 805	3661	17, 042	9, 05
3617	0, 5406	0, 30	3632	9, 2765	0, 07	3647	2, 0074	0, 240	3662	69, 545	11, 72

N°	Dividende	Diviseur	N°	Dividende	Diviseur	N°	Dividende	Diviseur	N°	Dividende	Diviseur
3663	4, 62	4, 2	3678	705, 955	27, 1	3693	54, 5	7, 95	3708	352, 1	12, 812
3664	10, 584	5, 04	3679	199, 26	49, 2	3694	74, 25	6, 375	3709	379, 035	9, 009
3665	28, 875	8, 25	3680	270, 502	84, 4	3695	84, 375	16, 5	3710	555, 555	17, 5
3666	7, 035	3, 5	3681	318, 318	79, 5	3696	90, 05	22, 415	3711	807, 4	29, 05
3667	228	9, 5	3682	238, 085	14, 005	3697	97, 6	23, 51	3712	957, 025	17, 005
3668	84, 941	84, 1	3683	40, 1401	4, 004	3698	157, 050	9, 1	3713	4.7001, 1	9, 4
3669	190, 65	46, 5	3684	2.190, 1	9, 05	3699	235, 01	7, 823	3714	5.742, 02	17, 87
3670	1011	84, 25	3685	1.900, 38	25, 005	3700	457, 075	12, 079	3715	6.428, 5	340, 5
3671	299, 625	42, 5	3686	413, 292	24, 24	3701	769, 005	27, 25	3716	7.467, 08	157, 4
3672	218, 88	34, 2	3687	4, 284	1, 05	3702	845, 08	47, 805	3717	8.421, 51	111, 11
3673	262, 5	17, 5	3688	88, 407	12, 54	3703	642, 50	54, 605	3718	6.703, 01	201, 1
3674	220, 99	24, 5	3689	3.575, 29	76, 07	3704	509, 74	27, 56	3719	7.507, 4	107, 6
3675	212, 840	25, 04	3690	34, 132	4, 24	3705	405, 7	79, 27	3720	8.421, 55	235, 07
3676	384, 507	76, 14	3691	388, 097	9, 7	3706	751, 076	89, 88	3721	9.205, 04	717, 004
3677	925, 65	84, 15	3692	845, 379	7, 9	3707	817, 405	99, 99	3722	5.412, 02	641, 07

DIVISION (Calculez le quotient avec 8 décimales.)

N°	Dividende	Diviseur	N°	Dividende	Diviseur	N°	Dividende	Diviseur
3723	260.000	200	3738	317.000	90.000	3753	54.790.000	2.400.000
3724	4.750.000	5.000	3739	7.450.000	800.000	3754	76.070	17.000
3725	254.000	8.000	3740	75.200	4.000	3755	854.100	34.000
3726	3.070.000	9.000	3741	763.000	5.000	3756	9.765.000	27.000
3727	82.700.000	8.000	3742	864.000	7.000	3757	74.320	49.000
3728	7.070.000	45.000	3743	7.432.000	900	3758	71.709.000	24.000
3729	8.270.000	9.800	3744	57.420.000	800	3759	10.700.000	70.000
3730	9.470.000	9.000	3745	14.140	5.000	3760	9.870.000	270.000
3731	3.250.000	67.000	3746	70.070.000	5.000	3761	37.500.000	3.400.000
3732	90.400.000	5.700	3747	5.075.000	7.000	3762	8.170.000	7.500
3733	54.500.000	900	3748	607.500.000	750.000	3763	90.100.000	54.000
3734	7.410.000	2.700	3749	9.407.000	1.900	3764	215.000	2.700
3735	45.200.000	170.000	3750	745.200	90.000	3765	57.600.000	74.000
3736	512.000	640	3751	47.510.000	27.000	3766	77.600.000	87.000
3737	71.500.000	2.400	3752	53.510.000	45.000	3767	5.740.000	5.100

N°	Dividende	Diviseur
3768	4.701.000	3.700.000
3769	97.010	7.400
3770	542.500	450
3771	6.500.000	76.000
3772	74.210.000	2.100
3773	911.100	17.000
3774	745.100	75.000
3775	444.400	23.000
3776	740.400	47.000
3777	79.040.000	5.500
3778	345.300	78.000
3779	4.607.000	8.400
3780	370.100	92.000
3781	35.420.000	4.700
3782	28.410.000	5.400
3783	12.504.000	20.700
3784	775.070.000	37.900
3785	975.750.000	427.000
3786	715.010	307.000
3787	29.402.000	50.700
3788	3.454.500.000	277.000
3789	745.070.000	90.400
3790	2.740.700.000	3.450.000
3791	56.472.000	7.370.000
3792	47.276.000	37.600
3793	756.070	3.000
3794	14.504.000	20.400
3795	751.070.000	40.000
3796	87.555.000	17.500
3797	54.307.000	27.500
3798	56.316.000	31.500
3799	7.120.600	715.000
3800	841.080.000	54.000
3801	9.757.600.000	8.040.000
3802	7.157.900.000	9.860.000
3803	5.762.070.000	427.500
3804	4.500.600.000	20.700
3805	827.504.000	20.700
3806	4.512.070.000	40.500
3807	17.620.500.000	476.000
3808	742.307.000	5.040.000
3809	394.800.000	75.000
3810	5.074.700.000	84.300
3811	8.952.750.000	742.000
3812	54.202.800.000	396.000

N°	Dividende	Diviseur
3813	719.854.749.263.476	7.402.895
3814	807.854.456.780.907	5.498.679
3815	607.004.856.470.907	9.870.061
3816	707.695.473.211.850	4.697.974
3817	465.874.035.874.452	7.408.736
3818	941.008.743.257.841	2.978.456
3819	549.607.042.253.950	8.074.371
3820	470.076.854.004.296	3.976.465
3821	907.853.047.269.807	9.706.854
3822	671.049.004.652.070	4.986.607
3823	307.654.874.073.456	1.986.754
3824	984.297.045.007.964	8.945.685
3825	493.813.954.206.407	2.980.074
3826	845.685.470.079.814	3.985.466
3827	674.087.095.472.873	3.471.954
3828	794.800.706.854.678	3.978.459
3829	767.804.076.574.654	49.700.087
3830	684.007.985.007.489	2.917.878
3831	840.045.654.874.571	7.496.874
3832	794.807.008.437.804	3.984.576
3833	741.087.650.400.705	3.789.416
3834	694.805.402.014.354	2.497.857
3835	654.087.874.854.847	7.608.454
3836	174.852.097.659.879	2.987.678
3837	740.078.482.749.850	4.987.674
3838	358.450.079.850.453	1.987.654
3839	840.075.462.907.852	1.984.580
3840	345.006.741.851.902	2.785.421
3841	742.845.609.854.254	4.978.476
3842	740.065.832.709.652	3.945.681

3843	407.671.087.367, 045	674.095, 5
3844	470.842.067.841, 5635	974.607, 45
3845	975.689.874.347, 6095	987.644, 85
3846	567.849.376.499, 6054	987.042, 24
3847	456.009.603.456, 0055	987.009, 075
3848	843.021.564.605, 3746	394.844, 75
3849	754.856.307.944, 4256	896.390, 79
3850	875.467.924.887, 4575	478.987, 742
3851	179.879.879.604, 4775	554.845, 684
3852	674.894.854.670, 4507	940.709, 57
3853	896.074.084.674, 0405	980.749, 07
3854	787.864.236.904, 85	476.650, 754
3855	789.045.036.456, 85	976.807, 705
3856	697.905.484.007, 6745	374.097, 45
3857	789.607.009.842, 674	970.884, 5
3858	654.367.843.300, 0075	740.987, 45
3859	684.842.956.907, 8075	978.456, 45
3860	376 456.008.907, 54	679.080, 095
3861	543 067.843.258, 4976	984.007, 87
3862	674.007.845.654, 8065	976.850, 05
3863	427.009.784.205, 0075	898.654, 85
3864	843.097.064.852, 25	976.407, 8795
3865	843.097.064.852, 46	432.780, 985
3866	654.378.905.427, 0075	542.909, 9876
3867	787 894.985.677, 485	874.094, 2945
3868	600.784.986.647, 795	970.052, 65
3869	795.607.852.792, 45	976.907, 675
3870	432.784.654.207, 405	476.807, 75
3871	674.834.954.267, 6	899.456, 305
3872	840.700.064.390, 05	897.007, 075

37525. — Tours, Imp Mame.

EXTRAIT DU CATALOGUE

OUVRAGES D'ARITHMÉTIQUE

2e SÉRIE (Nouvelle)

COURS ÉLÉMENTAIRE D'ARITHMÉTIQUE ; in-18.
COURS MOYEN D'ARITHMÉTIQUE ; in-16.
COURS SUPÉRIEUR D'ARITHMÉTIQUE ; in-12.
MANUEL D'ALGÈBRE ET DE TRIGONOMÉTRIE ; in-12.

1re SÉRIE (Ancienne)

PETITE ARITHMÉTIQUE, contenant les principales définitions; in-18.

EXERCICES DE CALCUL sur les opérations fondamentales ; in-18.

ABRÉGÉ D'ARITHMÉTIQUE, contenant les définitions, les règles du calcul, des exemples de calcul mental, et le système métrique; in-18.

RECUEIL DE PROBLÈMES sur les opérations fondamentales; in-18.

PETIT SYSTÈME MÉTRIQUE, avec figures et problèmes; in-18.

LES FRACTIONS ET LES PROBLÈMES résolus par l'unité ; in-18.

NOUVEAU TRAITÉ D'ARITHMÉTIQUE et du Système métrique contenant plus de 2000 problèmes ; in-12.

RECUEIL DE PROBLÈMES, contenant environ 6000 questions à résoudre sur l'Agriculture, le Commerce, l'Industrie; in-12.

Tours, impr. Mame.

www.ingramcontent.com/pod-product-compliance
Lightning Source LLC
LaVergne TN
LVHW020034170826
845678LV00001B/249

* 9 7 8 2 3 2 9 6 9 8 7 6 2 *